U0031495

P

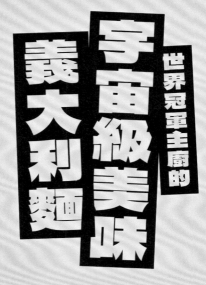

世界冠軍主廚的
宇宙級美味
義大利麵

A

S

T

A

弓削 啓太 著
ALLEN HSU 譯

想要把世界級美味的手藝
傳遞到每一個人的家裡

2019 年10 月，獲得義大利麵世界冠軍賽（Pasta World Championship 2019）的半年後，我開始經營自己的YouTube 頻道。身兼橫濱義式餐廳「SALONE2007」主廚工作的同時，我持續地發佈影片，挑戰「在家中也能完成專業級料理的食譜影片」拍攝。

「原來在家中也能輕鬆重現餐廳等級的口味！」、「家中的人都開心地說好吃！真是太棒了！」等等來自各方的訊息，這些實質的回饋都深深地激勵著我。自從開始經營「YUGETUBE」之後，在超市採買探索的次數也變多了。有別於在餐廳製作的料理，如何利用隨手可得的食材，輕鬆完成美味的料理，在家做出「義式餐廳」程度的美味也就成爲我的研究課題。只要這樣做的話，就會更簡單喔！用了這個的話，就會更方便喔！這樣吃的話，就會更好吃喔！

製作料理的時候能夠感到「Wow！」，品嚐的時候也能夠感到「Wow！」，抱持著與大家分享這些驚喜與感動時刻的心念，開始了這本書的撰寫。期盼這本書能夠成爲每個讀者每天做菜時的靈感，和身邊重要的人一起享用這些料理，這將會是身爲料理人的我感到最幸福的時刻。

SALONE 2007 弓削啓太

令人感動的美味秘訣在於各種「小意外」的搭配組合

 WOW!

秘訣 1 煎炒一下！讓它焦化！
焦化產生的「美味」

常常聽到「害怕料理燒焦」的聲音，其實完全不用擔心，只要有充分加熱逼出食材多餘的水分，讓鮮味封存在食材裡。再者，輕微的燒焦，可以當成鮮味的基底，稍加開水稀釋，就會釋放出宛如高湯的風味。

將菇類炒至乾透的狀態
菇類是含有大量水分的食材。熱鍋不需放油，放入菇類用鍋子乾煸至像枯葉般的狀態，就是餐廳級的美味。

蕃茄與肉類焦焦的狀態更好吃
蕃茄是富含鮮甜味的食材，加熱至焦香的狀態後，當成義大利麵的醬汁美味更升級。肉類在烹調時亦同，焦香的狀態吃起來會更鮮美！

平價的肉淋上紅酒，
也能搖身一變成飄散著熟成香氣的高級牛肉
即使是平價的進口肉類，塗抹上紅酒、不要封上保鮮膜，放入冷藏庫內靜置，發酵作用會使得肉類重生，呈現像熟成牛肉般的美味。酒精不僅可以去除肉類多餘的水分，料理時更容易上色。

秘訣 2 讓手邊常見的發酵食品
成為「美味關鍵」

只要善用發酵食品的話，就能讓料理充滿「鮮味」。紅酒、起司、巴沙米可醋、鯷魚醬等常常用於義式料理的食材當然不用多說，除此之外，味噌、納豆、魚露、鹽麴等發酵食材也能意外地使美味程度更上一級。生活中隨手可得的發酵食材，更要好好地利用。

MISO
和風的發酵食品也能與義式料理相輔相成
味噌、納豆、鹽麴等聞名於世的日式發酵食材，其中的鮮味成分都能活用在不同的義式料理之中。

NAMPLA
古羅馬的調味料也能以泰式魚露替代重現
義大利自古以來的經典調味料「鯷魚露」，可以用同類型的泰式魚露代替。深厚的風味，再現地方特色料理的口味。

我在製作料理時，最重視的就是料理中是否具有使人感到「**WOW!**」的元素，所謂的「**WOW!**」，就是感到驚喜或感動。我總是在思考並非只是做出「普通好吃」，而是在預料之外的搭配組合之中，讓人感受到驚喜的美味；或者是乍看普通的食材，吃起來卻擁有超乎視覺想像的滋味。我希望在家製作料理的各位，能夠與身邊重要的人一起品嚐到「**WOW!**」那份喜悅的美味。

 ## 秘訣 3 活用常常被遺忘在角落的 香草和香料

歐洲的料理以鹽、胡椒等為基本簡單的調味料，其中，決定義式料理的美味要素的一環就是「香氣」，比起味道，香氣更讓人印象深刻。只要能夠善用香草和辛香料蔬菜，道地的義式風味瞬間提升。經常被遺忘的香料也具有同樣的功能，請務必嘗試看看。

義大利香芹也是蔬菜！
在義大利當地，義大利香芹並非只做為香草用途，反而如同茼蒿、珠蔥等香氣十足般的蔬菜般頻繁地入菜。義大利香芹並非只是裝飾，大量使用時能創造正宗風味的蔬菜。

VEGETABLE!

FENNEL

OREGANO

推薦使用的乾燥香草是小茴香與奧勒岡葉
家裡的廚房是否堆積了大量的香草而不常使用呢？只需使用少量的乾燥小茴香，就可以烹調出南義大利風味的料理；乾燥的奧勒岡葉則適合搭配蕃茄料理。

秘訣 4 天馬行空的點子 不被料理常識的 理所當然束縛

只要可以吃到美味的料理，逆向思考一下，有時即使偏離了料理常識也沒有問題。比如說不讓義大利麵醬汁乳化的話也會好吃嗎？沒有長時間熬煮也可以變得好吃嗎？誰說一定要放入傳統的義式料理食材才會好吃呢？異想天開的美味不妨就從逆向思考開始展開。

「餃子皮」也可以當成新鮮生麵，還可以變身成千層麵
餃子皮和義大利麵相同，都是麵粉製品。切成細長條狀的餃子皮，就是立即可用的新鮮生麵條。不加油開火加熱，再配合白醬一起熬煮的話，就能快速做出美味的千層麵。

利用納豆的黏黏糊糊質感來增添風味和濃稠感
即使是納豆，原料也是大豆。獨特的氣味和黏黏糊糊的口感，經過炒煮後會變成風味豐富和濃稠的狀態，可以提升肉醬或義大利豆類料理的美味層次。

在家做出世界級的美味
並不需要特別的調味料！

家裡只需要有一款橄欖油
OLIVE OIL

按照每位專業料理人的習慣，使用方法也會有所不同。我在需要大量用油，處理炸物的話會選擇沙拉油；要煎魚或肉時會使用「純橄欖油」；烹調義大利麵醬、佐料或是料理完成時點綴用的橄欖油，會因為油的種類而影響料理的口味，這時則會採用「特級冷壓橄欖油」（Extra Virgin）。即便如此，一般家庭可以只選擇「特級冷壓橄欖油」即可，料理炸物時則選用沙拉油就很足夠。

如何挑選？

雖說是「特級冷壓橄欖油」，還是會依照產地、製造商、價位有許多種類可以挑選。橄欖油是將橄欖的果實壓榨後的產物，可以說是橄欖的果汁，與紅酒一樣會因為當地的土地、氣候而產生顯著不同的味道與香氣。

我所喜歡的橄欖油

在店內使用的是西西里島產的巴貝拉（Barbera）牌「FRANTOIA」特級初榨橄欖油，以手摘方式採收，採用自古流傳下來的製法，未經過濾呈現深綠色澤。飄散著水果香氣，沒有太強烈的特殊味道，是一款符合日本人喜好的油品。這款橄欖油在網路商店就可購入，想讓料理的味道更上一階的話，請務必嘗試看看。

Extra Virgin Olive Oil
特級冷壓橄欖油
將橄欖的果實壓榨而成，其中依照香氣、成分分類，將品質好的油品分類為「特級冷壓橄欖油」。

Pure Olive Oil
純橄欖油
以特級冷壓橄欖油和精製橄欖油兩者混合製成，品嚐起來帶有溫厚的風味。

北部
清恬的味道適合搭配蔬菜。

中部
帶著些許苦辣感，適合搭配豆類和肉類料理。

南部
水果的香氣適合搭配海鮮料理。

橄欖油依照產地的不同，味道與香氣也會有所差異
義大利產的橄欖油依照上述產地的不同，橄欖油會帶有不同的特徵。產品包裝上都可以找到關於產地的訊息，可以當成參考，依照個人的喜好挑選適合自己的橄欖油。

這邊將繼續介紹在家製作義大利料理時，除了橄欖油外還有不可或缺的鹽。其他調味料或是食材的介紹請參照P.34。

使用自己喜好的鹽就 OK
SALT

店內所用為顆粒細緻、清爽質地，來自西西里島的鹽。我覺得一般家中使用的鹽，選用任何種類的鹽皆可。在煮義大利麵時嘗試過許多種類的鹽，基本上沒有太大的差異。然而，在盛盤後，上桌時要撒在食物上或作為配菜使用的鹽款，我會特別有所講究。

料理上菜時推薦使用的鹽款
在法國研修料理時就很喜歡的一款鹽，持續使用到現在的「Camargue Fleur De Sel」。法語意為「鹽之花」，深邃的滋味變化，帶有些許的甜味。在法國有數個代表性的產地，我最喜歡來自南法普羅旺斯一帶「卡馬格」地區所產的這款鹽。

萬能的Krazy Salt
混合了岩鹽以及6種香草（胡椒、洋蔥、大蒜、芹菜、百里香、奧勒岡葉）的萬能調味料。特別適合肉類料理，是我閒暇時在戶外烤肉時必備的一款調味料。

所謂的「鹽分1%」
是什麼意思呢？

食材100g　　　鹽1g

會讓人類覺得美味的鹽分濃度，與人類體液內的鹽分濃度同為1%。也就是說，每100g 的食材，加入1g 的鹽調味的話就會變得好吃。煮義大利麵也是如此，烹煮時請加入1% 的鹽（請參照P.12）。

━━ 1g 約為多少？

1g = 1/5 小匙　5g = 1 小匙

使用調味料時，依照目測當然沒有關係。如果一開始料理時先計量好的話，不但安心也能確實地保持料理的美味度。

CONTENTS

PART 1

世界冠軍傳授「經典義大利麵」的
美味秘訣！

PART 2

獻給忙碌生活的大家，快速料理才是王道！
超美味義大利麵

PART 3

只要有了這個的話！

常備秘傳的
百搭義式醬料

PART 4

沒有吃過這樣的料理！打破既定印象的

義大利家常菜與
下酒菜

蔬菜・蛋料理

魚料理

在家重現「世界冠軍」的義大利麵料理！

你家也可以是一間義大利餐廳

世界一流的甜點

Column

關於本書的食譜標記

• 1 小匙是5ml，1 大匙是15ml，1 杯是200ml。

• 如果沒有特別註記的話，蔬菜會省略掉清洗、削皮等前置作業的步驟。

• 本書所用的胡椒以粗粒黑胡椒為主。

• 本書所用的平底鍋為有氟素塗層、直徑26 ～28cm 的產品。

• 食譜中提及的「少許」約為1 小匙的1/6 ，「1 小撮」約為大拇指、食指、中指等三根手指可抓取的份量。

• 食譜中提及的「適量」是指與料理相應剛好的量。

世界冠軍傳授「經典義大利麵」的美味秘訣！

說到義大利菜，首先想到的還是義大利麵。首先我要介紹的是「全家都會喜歡的義大利麵」和「在店裡會想吃到的口味」等人氣的義大利麵系列。身為義大利麵世界冠軍的我，自然會有許多「可以輕鬆在家完成餐廳等級料理」的秘訣，只要熟稔這些步驟的話，保證成為你的招牌料理。

在家做出世界級美味的義大利麵，先掌握基本的煮麵方法！

1 煮水沸騰、加鹽

不需要大量的滾水，
只要能蓋過義大利麵就足夠

煮麵時不需大量的水，為了煮滾反而耗時且沒有效率。煮 1～2 人份（乾麵條約 200g）的義大利麵，水量約是 1.5 公升，可以覆蓋住麵條即可。

建議使用26cm的平底鍋
沒有大又深的鍋子也 OK。
使用平底鍋時，只要可以讓義大利麵平放於鍋內，煮麵時再加入少量的開水即可，這樣的話不僅容易煮沸，還可以節省時間。

適當鹽的比例= 水的重量的1%

水	鹽
1 公升	10g（2 小匙）
1.5 公升	15g（3 小匙）
2 公升	20g（4 小匙）

煮義大利麵時，開水與鹽的比例建議為 1%，理由為這是人體會感受到好吃的鹽分濃度。煮麵水有時也會拿來調節醬汁的濃稠度，所以保持這個比例很重要。

2 沸騰時放入義大利麵

以十字的擺放方式下麵，才不容易沾黏

使用平底鍋煮麵時，以十字交錯的方式下麵入鍋，可以防止義大利麵彼此沾黏。麵條煮到變軟的時候，輕輕攪拌即可。用鍋子煮麵的話，以放射狀的方式下麵，同樣輕輕攪拌即可。

煮麵時間請參考包裝上的說明

如同包裝上所標示，或是稍稍縮短 30 秒的煮麵時間。依照不同的料理，仔細確認標示所述，利用碼表確實掌握烹調時間。

究竟何時開始煮麵才好呢？

最理想的狀態是醬汁完成的時候，義大利麵也同時煮好。但如果這樣難度太高的話，可以先煮好醬汁再來煮麵也OK。即使醬汁完成後稍稍放置，只要有再次加熱過就不會有問題。

餐廳內的廚房有專門用來煮麵的大鍋，但在家裡受限於鍋子的大小和瓦斯爐口數量的限制。「究竟要何時開始煮麵呢？」這個問題，在這邊將傳授在家調理時的訣竅給你。

3 用濾網撈麵並瀝乾煮麵水

確實瀝乾煮麵水至少10秒！
煮麵時間一到，撈起麵條置於濾網上 10 秒，確實瀝乾煮麵水。煮熟的義大利麵稍微放置後，表面會稍微變乾，這樣醬汁就能確實地附著於麵條上，美味度更佳。

煮麵水不要丟掉
用來煮義大利麵的湯水，有時會用於後續作為水分調節使用，建議保留至最後。

4 將義大利麵放入醬汁中

確實將醬汁與義大利麵拌勻
煮好的義大利麵，要使其能與醬汁充分混合是專業廚師的訣竅。特別是如果煮麵時間比包裝上建議時間來的短，將麵條置入醬汁中持續熬煮，藉此調整麵條的軟硬度。

用煮麵水最後調整醬汁
如果麵醬的水分較少，沾不上麵醬的話，可以添加一些煮麵水或者開水。嚐嚐味道，如果鹹度不夠的話，再加一些煮麵水；如果鹹度恰到好處，就可以加一些開水來調節味道。

如何選擇 義大麵的種類？

根據不同的食譜，雖然會註明合適的義大利麵種類（麵條粗細或形狀），其他種類亦可。義式直麵的話，1.6～1.8mm 麵條的粗細適合用於各式料理。

義式直麵（Sphagetti）
棒狀的長形義大利麵條，斷面呈現圓形。粗細的直徑可達1.4 至2mm，專業廚師會根據醬汁的需求選擇使用不同的尺寸。

髮麵（Capellini）
在義大利語中，源自於「頭髮」的意思。粗細約為1mm，與日本的素麵寬度差不多。通常用於製作冷盤義大利麵。

細扁麵（Linguine）
斷面呈橢圓形。扁平的形狀容易蘸附醬汁，適合搭配味道豐富的醬汁。

螺旋麵（Fusilli）
螺旋狀的短版義大利麵。紋理可以完美吸附醬汁，不容易黏在一起。

米型麵（Risoni）
米粒形狀的義大利麵。可以放入湯或沙拉作為食材，或是替代義大利燉飯的米粒使用。

PASTA ALLA BOLOGNESE IN 15MINUTI

只要15分鐘！
濃郁的肉醬義大利麵

WOW!

專業廚師在製作肉醬的時候，至少會花上兩個小時。
通常需先將蔬菜炒至焦糖色澤，然後與蕃茄一起慢
慢燉煮。如果要讓此步驟大幅縮短烹飪時間，又想在
家享用專業級的口味，我有個創新的方法，就是使用
「納豆」來料理。納豆黏黏糊糊的特性在炒熟後會轉
變成極上的美味，同時還能增添醬汁的濃稠感。如果
使用「碎粒納豆」，它會完美地融入絞肉中，所以吃的
時候很難察覺到納豆的存在。吃起來濃郁香醇的肉
醬，彷彿經過長時間的烹煮般，讓人食指大動。

材料（2 人份）

義式直麵（1.8mm）	160g
豬牛混合絞肉	200g
鹽	2g（2/5小匙）
胡椒	少許
碎粒納豆	1盒
整顆蕃茄（罐裝）	200g（1/2 罐）
大蒜（切末）	1/2瓣
橄欖油	10g（2又1/2小匙）
蕃茄醬（Ketchup）	30g（1又2/3大匙）
伍斯特醬	15g（約1大匙）
起司粉	16g（2又2/3大匙）

作法

1 平底鍋開大火，放入絞肉、鹽、胡椒加熱。不斷拌炒直到出現焦色且整體上呈現鬆散狀態。大約加熱 5 分鐘，就可以先取出。

2 將平底鍋整理乾淨，放入大蒜、橄欖油開中火加熱。大蒜爆香後，再加入碎粒納豆，約加熱 3 ～ 4 分鐘直到納豆呈現粒粒分明的狀態。

3 加入伍斯特醬、蕃茄醬，開中火繼續拌炒。

4 加入步驟 1 拌勻。倒入整顆蕃茄，用鍋鏟稍稍擠壓後，添加約 100ml 的開水，繼續開中火烹煮約 5 分鐘，並適時地翻攪拌勻食材。

> 煮麵時間請比包裝上所標示時間縮短約30秒
> （煮法請參照P.12）

5 撈起麵條，確實瀝乾煮麵水，倒入步驟 4 裡仔細攪拌。如果麵條裹不上醬汁的話，可以加入 2 大匙的開水。

6 撒上起司粉和麵條拌勻。最後再倒入 1/2 大匙的橄欖油（份量外）使其吸附於麵條上。盛盤後再依照個人喜好撒上起司粉即可。

Point!

將納豆的黏性炒香

以鍋鏟將碎粒納豆在平底鍋上邊壓邊加熱，即使燒焦了也沒有關係，這可是美味的關鍵。

將納豆炒到粒粒分明

如使用鐵氟龍平底鍋的話，納豆較不易沾黏。請將納豆炒至上色，以是否呈現鬆散的狀態為判斷標準。

加入炒過的絞肉

絞肉只要含有水分的話，就會有腥味，因此炒乾是訣竅。將納豆與絞肉仔細拌炒，吃的時候幾乎不會察覺有納豆的存在。

一邊擠壓蕃茄一邊翻炒

加入一整顆蕃茄，一邊以鍋鏟將其剁切至一口大小，一邊與其它食材翻炒。

PASTA ALLA CARBONARA SERIE
正統的
義式培根蛋麵

(WOW!)

YUGETUBE 頻道中壓倒性的人氣料理。製作義式培根
蛋麵有各式各樣的方法，我的作法是讓麵條能夠充分
吸收培根的精華，以及大蒜和月桂葉的香氣，最後再
裹上蛋液與起司。雖然不使用牛奶和鮮奶油，還是能
夠品嘗到濃郁醬汁的一道料理。

材料 (2 人份)

義式直麵 (1.8mm)	160g
雞蛋	1顆
蛋黃	2顆份
起司粉	60g (10大匙)
厚切培根	50g
全粒黑胡椒	3g
大蒜 (拍扁)	1瓣
月桂葉	2片
橄欖油	15g (1又1/4大匙)

作法

1. 將全蛋、蛋黃全部放入調理碗內打散，加入起司粉再拌匀備用。

2. 將培根切成約 5mm 寬的片狀，再切成約 7 ~ 8mm 寬的條狀。黑胡椒可以使用鍋底壓碎。

3. 於平底鍋內倒入橄欖油，放入大蒜、培根、月桂葉及黑胡椒，開小火加熱炒香。培根炒至酥脆狀即可先取出一半的份量 (擺盤用)。

   煮麵時間請按照包裝上所標示時間 (煮法請參照 P.12)

4. 於步驟 3 內加入 60ml 的煮麵水，待水滾即可熄火。取出月桂葉、大蒜。

5. 於步驟 1 內加入另外 60ml 的煮麵水稀釋。

6. 撈起麵條，確實瀝乾煮麵水，放入步驟 4 內，讓麵條確實沾裹醬汁。

7. 開小火，將步驟 5 分三次加入與麵條仔細拌匀。如果不容易裹上醬汁的話，可以加入開水或 2 大匙的煮麵水攪拌。

8. 盛盤並擺上裝飾用的培根，依照個人喜好撒上粗粒黑胡椒、起司粉。

剩下的蛋白可用來製作蛋花湯 (請參照 P.75)

Point!

炒香月桂葉與大蒜

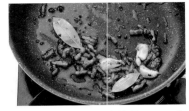

透過月桂葉、大蒜的拌炒可以平衡培根特有的燻烤氣味，吃起來更為清爽且不膩口。確實炒熟，讓香氣融入油中。

讓鮮美滋味與香氣融入煮麵水中，變成「高湯」

於平底鍋內加入煮麵水一同熬煮，融入油中的鮮味與香氣變成美味的「高湯」。

將蛋液以煮麵水稀釋

將煮麵水加入蛋液中打匀稀釋。

將蛋液分成三次加入

先讓麵條充分吸收醬汁與自製的「高湯」，再加入蛋液。一次倒入容易結塊，建議分三次添加為佳。

PASTA AL POMODORO RICCA
經典的味道
蕃茄紅醬義大利麵

材料（2人份）

義式直麵（1.8mm）	160g
大蒜（切末）	1瓣
橄欖油	30g（2又1/2大匙）
蕃茄糊	30g
整顆蕃茄（罐裝）	300g（3/4罐）
鹽	3g（3/5小匙）
上白糖	3g（約1小匙）

作法

1 於平底鍋倒入橄欖油、大蒜開小火加熱，炒至飄散蒜香時，倒入蕃茄糊拌炒至焦褐色的狀態。

2 加入整顆蕃茄，一邊以鍋鏟擠壓一邊使其吸收鍋內食材醬汁。再加入鹽、上白糖，開大火收乾至約剩下1/3的份量。

3 熄火。以手持式攪拌棒攪拌食材至呈現滑順的糊狀。

煮麵時間請比包裝上所標示時間縮短約30秒（煮法請參照P.12）

4 撈起麵條，確實瀝乾煮麵水，加入步驟3中並添加100ml的煮麵水，開中火煮至個人喜歡的軟硬度。

5 盛盤並依個人喜好撒上起司粉。

POINT!

大蒜要炒至呈現淡淡的褐色為止

將蒜末與橄欖油放入平底鍋內，開小火加熱炒至淡淡的褐色。出現蒜香後即可倒入蕃茄糊。

確實地拌炒蕃茄糊

仔細地以小火慢炒，將蕃茄糊從鮮紅色的狀態炒至近乎黑色的焦褐色澤，是成為美味的關鍵。

一邊擠壓蕃茄一邊燉煮

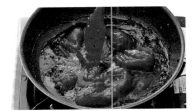

燉煮的同時，用鍋鏟壓扁整顆蕃茄至一口大小。由於需要熬煮收乾至僅剩下1/3的份量，因此，請記住剛下鍋時的份量以便比對。

WOW!

我常在想餐廳裡常見的經典蕃茄紅醬義大利麵，是否有在家也能輕鬆完成的簡單版本。原本必須花費一整天的時間，將各2kg重的洋蔥、紅蘿蔔、芹菜，炒至近黑色的狀態，現在只需用蕃茄糊代用即可。比起平時費時熬煮的紅醬，這個技巧會讓味道嚐起來更為深厚及濃郁。

PASTA AL POMODORO FRESC

美味爆發的
新鮮蕃茄紅醬義大利麵

材料（2人份）

義式直麵（1.8mm）	200g
小蕃茄	360g（約20顆）
大蒜（拍扁）	2瓣
羅勒（葉片）	4～6片
橄欖油	30g（2又1/2大匙）

作法

1 將 2/3 份量的小蕃茄（240g）切半，剩餘的切成 4 等分。

2 於平底鍋內倒入橄欖油，加入大蒜並開小火加熱，大蒜爆香後取出。

3 在同一個平底鍋內加入切半的小蕃茄（切口朝下），轉大火炒至呈現焦色。

煮麵時間請按照包裝上所標示時間（煮法請參照 P.12）

4 加入 200ml 的煮麵水於步驟 3 內，轉中火加熱。一邊用鍋鏟壓平小蕃茄，加入羅勒葉一起烹煮，煮到變得濃稠時再熄火。

5 撈起麵條，確實瀝乾煮麵水，加入步驟 4 內。持續以中火加熱，讓醬汁能吸附於麵條上。如果吸附狀況不佳的話，可加入 2 大匙的煮麵水拌勻。

6 盛盤時擺上剩下的小蕃茄。依照個人喜好淋上橄欖油。

Point!

炒焦小蕃茄的切口

從小蕃茄的切口處開始加熱，待變成焦色時再翻面，另一面些微炒焦即可。

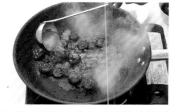

焦化為美味之源

炒焦的小蕃茄，焦化正是變身為美味的關鍵，倒入開水使其吸收精華，即為「高湯」。

一邊壓平一邊熬煮

小蕃茄是充滿鮮甜味的蔬菜，一邊用鍋鏟擠壓出果肉一邊熬煮。

WOW!

使用新鮮蕃茄做成的蕃茄醬，經常容易變得較稀。如果使用小蕃茄的話，經過烘烤讓水分蒸發，使鮮甜濃縮其中。重點在於要確實地將蕃茄煎烤過，烤焦的部分也會成為美味的成分，光是經過煎烤就能變得如此美味。最後上菜時，再點綴些新鮮的小蕃茄，結合了新鮮的香氣與口感，讓人食指大動。

PASTA ITALIANA PEPERONCINO

乳化作用只是其次！
義式蒜香橄欖油義大利麵

材料（2人份）

義式直麵（1.8mm）	200g
橄欖油	30g（2又1/2大匙）
大蒜（切末）	2瓣
紅辣椒	2根
義大利香芹（葉片）	8根

作法

1 將一半份量的義大利香芹剁切成末，剩下的隨意切碎即可。

2 於平底鍋內倒入橄欖油，加入大蒜、辣椒開小火加熱。

3 將大蒜爆香，炒至上色時，再加入香芹末持續加熱。

⫼ 煮麵時間請按照包裝上所標示時間（煮法請參照P.12）

4 在步驟3內加入200ml的煮麵水，轉大火加熱約20秒使其沸騰後再熄火。

5 撈起麵條，確實瀝乾煮麵水，加入步驟4內。持續以中火加熱，讓醬汁能吸附於麵條上。如果吸附狀況不佳的話，可加入2大匙的煮麵水。

6 盛盤並依照個人喜好淋上橄欖油，最後再撒上剁碎的義大利香芹。

WOW!

以大蒜橄欖油義大利麵這道菜來說，讓油水充分融合在一起的「乳化作用」的步驟至關重要，但是，首先我們不妨先把這件事放一旁。比起乳化作用，我認為準備「美味的油」和「讓麵條帶有鹽味」才是美味的關鍵所在。煮麵水通常是以含鹽量1%為標準，大蒜橄欖油義大利麵的話則會提升至1.2%。此外，確實瀝乾煮麵水，讓充滿香氣的油沾裹上麵條。趁熱時即刻品嚐，簡單的步驟就是人間美味。

Point!

慢慢以小火加熱

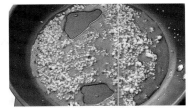

將橄欖油、大蒜和辣椒放入平底鍋內以小火加熱。慢慢加熱使溫度不要一下子上升太快，才能使蒜香可以被轉移至橄欖油內。

炒熟義大利香芹

大蒜炒出淡淡的褐色之後，就可以加入義大利香芹了。將香芹加熱至呈現鮮豔的綠色，才能讓鍋內的橄欖油牢牢吸附香芹的香氣。

讓煮麵水成為醬汁的鹽分來源

一旦加入煮麵水後，即可熄火，亦可防止黏底。煮麵水內含的鹽分，也是醬汁鹽分的來源。

稍稍熬煮

稍稍熬煮約20秒至沸騰，讓油與煮麵水充分融合。

PASTA ALLAPUTTANESCA

活用手邊現有食材製作的
煙花女義大利麵

材料 (2 人份)

義式直麵 (1.8mm)	200g
綠橄欖	20g (5顆)
黑橄欖	20g (5顆)
大蒜 (切末)	1瓣
紅辣椒	1根
酸豆	20g
鯷魚醬	6g (1小匙)
整顆蕃茄 (罐裝)	150g
橄欖油	30g (2又1/2大匙)

作法

1. 將橄欖切成與酸豆同樣的大小。

2. 平底鍋內放入橄欖油、大蒜，開小火加熱。大蒜爆香後，再將辣椒手撕加入炒軟。

3. 大蒜炒至上色後，加入鯷魚醬。轉中火爆香，使醬汁能夠與油融為一體般，同時去除鯷魚醬的生腥味。

4. 加入酸豆，拌炒減低其酸味。再加入橄欖快速炒拌後，倒入整顆蕃茄，一邊以鍋鏟將蕃茄切至一口大小，一邊加熱，完成後即可熄火。

   煮麵時間請按照包裝上所標示時間 (煮法請參照 P.12)

5. 撈起麵條，確實瀝乾煮麵水，加入步驟 4 內。持續以中火加熱，讓醬汁能吸附於麵條上。如果吸附狀況不佳的話，可加入 1 大匙的煮麵水。

6. 依照個人喜好淋上橄欖油即可盛盤。

point!

將酸豆確實炒過

酸豆經過加熱後，味道會變得溫和，吃起來彷彿美乃滋般的口味。

將蕃茄大塊切碎

為了保留蕃茄的口感，用鍋鏟切碎蕃茄時不要過於細碎，吃起來才會好吃。

WOW!

超級經典的義大利菜。由於所有食材都可以長期保存備用，即使是無法外出採買的日子，相對方便快速製作的一道料理。基本醬汁來自於紅醬，秘訣是不要熬煮過久，稍稍輕炒程度即可才會好吃。這道菜可以品嚐到大蒜與橄欖油的香氣、辣椒的辣味、鯷魚的鮮味、酸豆的酸味、蕃茄的甜味，各式各樣的豐富香氣共譜出一道味蕾的樂曲。

PASTA AL NERO DI SEPPIA

作法其實很簡單的
墨魚義大利麵

WOW!

想吃墨魚義大利麵時,不外乎是外食或是使用市售的
墨魚醬汁來調理。其實只要活用市售的「墨魚抹醬」,
在家也能輕鬆烹煮出專業級的味道。墨魚醬汁的顏色
黝黑,海鮮的鮮味帶著悠悠的香氣。調理這樣的食
材,必然需要一些小技巧。我通常會再加上大蒜點綴
香氣,搭配鯷魚、蕃茄罐增添鮮甜味。

材料 (2 人份)

材料	分量
義式直麵(1.8mm)	200g
魷魚(去除掉內臟)	150g
大蒜(切末)	3瓣
義大利香芹(葉片)	6g
紅辣椒	1根
鯷魚醬	4g (2/3小匙)
墨魚抹醬(市售品)	8g
整顆蕃茄(罐裝)	200g (1/2罐)
橄欖油	30g (2又1/2大匙)
白酒	20g (1又1/3大匙)
起司粉	10g (1又2/3大匙)

墨魚抹醬
詳細說明請參照P.34

作法

1 清洗過魷魚,足部切成 5mm 的寬度。身軀部分切開成 7 ～ 8mm 的塊狀。取 2/3 份量的義大利香芹切成細末,剩下的隨意切碎即可。

2 於平底鍋內倒入橄欖油,放入大蒜轉小火加熱。大蒜爆香後,加入手撕的辣椒。待大蒜炒至上色,再撒上香芹的細末,快速拌炒。

3 加入鯷魚醬、墨魚抹醬,開中火加熱以消除腥味。

4 加入魷魚,炒至水分蒸發,再倒入白酒一起拌炒至酒精揮發。

5 加入整顆蕃茄輕輕用鍋鏟擠壓,以小火加熱至義大利麵煮熟的時機。

煮麵時間請比包裝上所標示時間縮短約30秒
(煮法請參照P.12)

6 撈起麵條,確實瀝乾煮麵水,加入步驟 5 內。持續以中火加熱,一邊讓醬汁能吸附於麵條上,一邊煮至個人喜好的軟硬度。如果吸附狀況不佳的話,可以加入 2 大匙的煮麵水。

7 撒入起司粉攪拌均勻,依照個人喜好淋上橄欖油。盛盤並撒上香芹碎點綴。

point!

確實拌炒墨魚抹醬

在加入墨魚抹醬後,仔細地拌炒使大蒜香氣可以與墨魚醬融為一體。

煸炒魷魚

魷魚的水分帶有海鮮的腥味,秘訣是炒乾才能逼出食材內部的水分。

炒至劈啪作響的狀態

翻炒逼出魷魚的水份之時會發出劈啪作響的聲音,以此為確實炒乾的判斷。

CACIO E PEPE

簡單美味的
黑胡椒乳酪義大利麵

材料（2 人份）

義式直麵（1.8mm）	200g
起司粉	60g（2/3杯）
無鹽奶油	120g
全粒黑胡椒	6g
太白粉（或是玉米粉）	4g（1又1/3 小匙）

作法

1 將全粒黑胡椒撒於調理盤，以鍋底將其壓碎。

2 平底鍋內放入黑胡椒、30g 的奶油，開小火加熱。

  煮麵時間請按照包裝上所標示時間（煮法請參照 P.12）

3 奶油加熱至淡褐色時，倒入180ml 的煮麵水並熄火。

4 撈起麵條，確實瀝乾煮麵水，加入步驟 3 內。

5 一邊開小火加熱，一邊快速地使麵條與醬汁拌勻，再加入 90g 的奶油、起司粉、太白粉攪拌均勻。如果吸附狀況不佳的話，可加入 2 大匙的煮麵水。最後，依照個人喜好撒上粗粒黑胡椒。

Point!

慢慢地加熱黑胡椒

使用全粒的黑胡椒再將其敲碎最為理想。如果沒有的話，以粗粒黑胡椒代用也OK。連同奶油一起放入平底鍋內加熱。

以煮麵水或開水稀釋奶油

待奶油加熱至淡褐色之時，加入煮麵水稀釋。如是使用鹽分較重的帕瑪森起司的話，則以開水稀釋。

同時加入起司與奶油

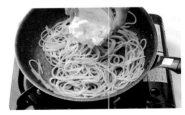

最後完成時撒上起司粉、太白粉與奶油。同時加入的話，奶油的油份與起司粉較不易結塊。此外，加熱過久容易讓起司變硬，此步驟要快速攪和均勻。

WOW!

說到羅馬最具代表性的義大利麵，簡單的料理以起司（Cacio）搭配黑胡椒（Pepe）為特色。本來是以Pecorino 這款起司加上橄欖油來製作，我們這次則以簡易的方式，用起司粉來替代。融入奶油一起烹調的話，起司粉會牢牢吸附於麵條上。作法雖然簡單，吃起來宛如義式培根蛋麵濃郁的味道，再搭配黑胡椒的香氣，讓人欲罷不能，吃了還想再吃的一道義大利麵。

PASTA ALLA TRAPANESE

我的私藏推薦！
特拉帕尼義大利麵

材料（2 人份）

螺旋麵（Fusilli）	200g
小蕃茄	200g
大蒜（切末）	2瓣
橄欖油	40g（3又1/3大匙）
羅勒（葉片）	10g
白芝麻醬	30g（滿滿的2大匙）
鹽	4g（4/5小匙）
如果有多的羅勒葉（葉片）	適量

配菜

茄子	1～2 條
橄欖油	適量
鹽、麵粉	各適量

作法

1 將小蕃茄切成 8 等分。羅勒葉切細碎。

2 平底鍋內倒入橄欖油，加入大蒜轉小火加熱。爆香後加入步驟 1 的蕃茄及鹽，適時地攪拌加熱。

3 蕃茄煮到軟爛呈現濃稠感時，加入羅勒葉、芝麻醬攪拌，稍稍加熱過即可熄火（如果不喜歡蕃茄皮的話，也可以用手持攪拌機先將蕃茄打成滑順的糊狀）。

> 煮麵時間請按照包裝上所標示時間（煮法請參照 P.12）

4 撈起麵條，確實瀝乾煮麵水，加入步驟 3 內。開中火加熱的同時，一邊使其裹上醬汁。如果吸附狀況不佳的話，可以加入 1 大匙的煮麵水。

5 依照個人喜好淋上橄欖油，盛盤並以羅勒葉點綴。搭配配菜一同享用。

配菜作法

將茄子切成 1.5mm 的圓片，撒鹽（約是茄子重量的 1% 為基準），再用手抓揉茄子使水分釋出。撒上薄薄一層麵粉，用多一點的橄欖油（約 3 大匙）煎炸。

point!

小番茄切碎再入鍋

為了讓小番茄可以短時間煮熟，切成8等分後再放入鍋內。

一邊攪拌番茄一邊熬煮

小番茄一旦加熱後就會開始出水，一邊用鍋鏟壓平小番茄，一邊攪拌。

美味重點是芝麻醬

將小番茄煮到糊狀後，就可以加入羅勒葉碎、芝麻醬。

WOW!

聽過「特拉帕尼」的人應該不多吧？這是來自西西里島西部的查帕尼（Trapani），深受當地人喜愛的一款醬料。在日本，雖然青醬(羅勒醬)是相當受到歡迎的義大利麵醬料，我要推薦大家這款特拉帕尼，不僅食材容易入手，還可以吃到蕃茄與堅果的香氣。正統的作法應該使用杏仁，這次改採芝麻醬替代。搭配義大利麵是一道極品料理，也是作為魚類料理醬汁的極佳選擇。

SPAGHETTI ALLE VONGOLE

香氣迷人的
白酒蛤蜊義大利麵

材料 (2 人份)

義式直麵 (1.8mm)	160g
蛤蜊 (吐砂過)	250g
大蒜 (切末)	1 瓣
辣椒 (去籽)	1 條
橄欖油	20g (1 又2/3 大匙)
白酒	60ml
義大利香芹 (葉片)	10g

作法

1 將義大利香芹切細碎。

2 平底鍋內倒入橄欖油，放入大蒜轉小火加熱。大蒜爆香後加入辣椒繼續加熱。

3 大蒜炒到上色後，加入蛤蜊、白酒，開大火煮到沸騰，讓酒精成分揮發。

4 蛤蜊開口後先取出並熄火。

> 煮麵時間請比包裝上所標示時間縮短約30秒
> (煮法請參照P.12)

5 撈起麵條，確實瀝乾煮麵水，加入步驟 4 內。接著倒入 100ml 的水並開中火加熱，攪拌並煮到個人喜好的軟硬度。

6 蛤蜊連同其湯汁一同倒回鍋內，撒上義大利香芹，大致翻拌一下並淋上約 1 大匙的橄欖油 (份量外)。

Point!

以白酒增添風味

加入蛤蜊後再倒入白酒，以悶蒸的方式調理。沒有蓋上平底鍋的鍋蓋也OK。

先取出蛤蜊

一邊加熱使酒精揮發，一邊加熱蛤蜊。當蛤蜊開口時先取出，可以預防肉質變硬。

WOW!

深受日本人歡迎的白酒蛤蜊義大利麵，只靠著蛤蜊的鮮美當然也是好吃，如果要做得更道地的話，就必須再加入「義大利香芹」。讓人想直呼「少了義大利香芹就不要做了吧!」對我來說，白酒蛤蜊義大利麵內配上義大利香芹的重要性，就等於是吃火鍋時不能少了茼蒿是一樣的道理。我可以保證沒有義大利香芹的話，美味程度會完全不一樣。

推薦的食材・調味料

這裡將介紹在書中出現的主要調味料、香草和香料。大部分的食材一般超市皆可入手，超市沒有的話，可以到進口食材行或網路商店購買。

調味料
SEASONINGS

巴沙米可醋
利用葡萄的濃縮果汁長期發酵製成，口感帶甜酸。適合作爲沙拉的醬汁或料理的醬汁使用。

蕃茄糊
將蕃茄濃縮製成的醬料，可以賦予料理濃郁的蕃茄風味及提鮮。

黑胡椒
義式培根蛋麵等料理，會使用全粒的黑胡椒搗碎入菜，如此一來，可以吃到黑胡椒更濃郁的香氣。

紅酒、白酒
具有多重功能的紅白酒，可以替食材帶來鮮味與口味的層次、增加香氣、替肉類去腥且讓肉質軟化。任何紅白酒皆適用，料理用或是飲用的都OK。

食材
INGREDIENTS

鯷魚醬
將鯷魚鹽漬發酵而成的鯷魚醬。有條狀亦有管狀包裝的產品，管狀包裝的鯷魚醬，較容易計量，也方便保存。

墨魚抹醬
墨魚義大利麵（請參照P.26）所使用的抹醬。在進口食材行或是線上商店都可以購得。

蕃茄乾
將切過的蕃茄曬乾製成，主要用在南義料理。可以替料理增添蕃茄的風味與鮮甜味。

酸豆
原產於地中海，當地人會將果實或花苞以醋醃漬，吃起來有獨特的酸味。煙花女義大利麵（P.24）必用的食材之一。亦可切碎加入醬料內混合食用。

香草
HERBS

義大利香芹
產於地中海一代的繖形科香草。與一般的巴西里相比，苦味較少，葉片也較柔軟。

迷迭香
帶著清爽香氣的迷迭香適合加入肉類料理內。建議使用新鮮的迷迭香。

奧勒岡葉
味道與蕃茄相輔相成的奧勒岡葉，是種常用於義式料理的香草。乾燥過的奧勒岡葉香氣十足，方便使用。

小茴香
有著獨特甜香，光加入就能完整展現南義料理風味的一款香草。乾燥過的小茴香特別適合搭配海鮮，運用在絞肉料理也相當美味。

羅勒
唇形科的香草，甘甜帶著清爽香氣，特別適合搭配蕃茄料理。

PART
2

獻給忙碌生活的大家，快速料理才是王道！
「超美味義大利麵」

蟹肉棒也能做成蟹味噌風味？冷凍蔬菜或是鮪魚罐也能做成大師級的義大利麵？餃子皮也能拿來做成義大利菜嗎？這些打破常識的料理方式的背後，包含了我為了實現「在家中也要吃得美味的訣竅」，深思熟慮過的許多點子與熱情。可以省略的過程就省略，既可以縮短調理時間，又好吃的話，這不就是快速料理的精髓嘛！

PASTA ITALIANA PEPERONCINO

荷包蛋
義式培根蛋麵

WOW!

在義大利相當常見，在當地被稱爲「窮人的義大利麵」。許多人或許會覺得義式培根蛋麵的製作相當困難，其實只要會煎半熟荷包蛋的話，誰都可以輕易完成且不會失敗。將黏稠的蛋黃和煎到焦脆的蛋白與麵條拌勻，就是這款義大利麵的醬料。

🌾 **材料**（2 人份）

義式直麵（1.8mm）	200g
培根	60g（4片）
雞蛋	4顆
大蒜（拍扁）	1瓣
橄欖油	40g（3又1/3大匙）
起司粉	40g（6又2/3大匙）
鹽、胡椒	各少許

🌾 **作法**

1　將培根切成 7 ～ 8mm 的寬度。

2　在平底鍋內倒入橄欖油，放入大蒜，開小火加熱。大蒜爆香後，加入培根轉中火一起拌炒，煎至焦脆再取出。

3　打蛋入鍋，以大火煎，蛋白開始凝固後（蛋黃尚未凝固的狀態時爲佳），撒上鹽與胡椒，取出其中2 顆蛋的份量備用，鍋中留下2 顆。

　　煮麵時間請按照包裝上所標示的時間
　　（煮法請參照P.12）

4　在步驟 3 撒上起司粉，並倒入 2 大匙的煮麵水，將鍋內的荷包蛋搗碎成糊狀。

5　撈起麵條，確實瀝乾煮麵水，放入步驟 4 內並將取出的培根再次放回鍋內拌勻。如果麵條吸附醬汁的狀況不佳的話，可以再加入 2 大匙的煮麵水。

6　將取出的荷包蛋再次放回鍋內，一邊搗碎荷包蛋一邊與麵條拌勻。淋上 2 大匙（份量外）橄欖油，撒上少許起司粉（份量外），即可盛盤。

CHE PASTA AL GRANCHIO
「偽」蟹黃風義大利麵

WOW!

將蟹肉棒、肉桂與味噌拌炒在一起，吃起來居然會像「蟹黃」的口味！這道菜的靈感來自於北義大利威尼托區的漁夫燉鍋。在過去大航海時代貿易繁盛的時期，來自各地的辛香料豐富多元，料理也因此常加入香料來調味。可以說是利用鍋內的湯汁來製作這道義大利麵風味的一道料理。

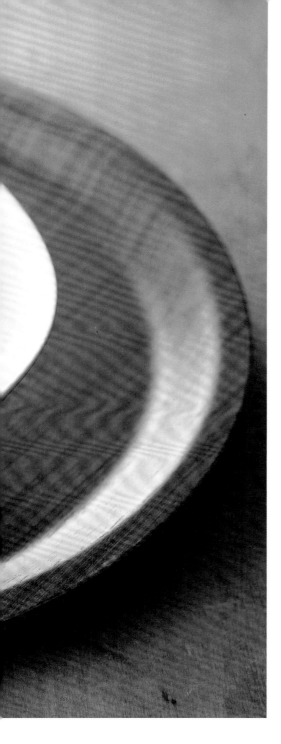

材料(2人份)

細扁麵(扁長形義大利麵)	200g
螃蟹風味蟹肉棒	200g
大蒜(切末)	1瓣
橄欖油	50g(滿滿的4大匙)
紅味噌(或是任何個人喜好的味噌)	50g
肉桂粉	1/2小匙
七味辣椒粉	少許
珠蔥(切成蔥花)	少許

作法

1 在平底鍋內倒入橄欖油,放入大蒜,開小火加熱。大蒜爆香後,放入撕成條狀的蟹肉棒,以中火慢慢炒至水分蒸發。

2 蟹肉棒炒至上色後,再加入味噌。同樣將味噌確實煎炒至焦狀。

3 倒入200ml的水以及肉桂粉,仔細攪拌食材並以中火煮到湯汁收乾。

   煮麵時間請比包裝上所標示時間縮短約30秒(煮法請參照P.12)

4 撈起麵條,確實瀝乾煮麵水,放入步驟3內持續以中火加熱,一邊攪拌煮至個人喜好的軟硬度。如果麵條吸附醬汁狀況不佳的話,可以再加入1大匙的煮麵水。

5 盛盤,撒上七味辣椒粉並點綴蔥花即可。

將蟹肉棒炒至水分蒸發,呈現焦色的話,會飄散出一股炒蟹的香氣。

SPAGHETTI TONNO E IBURI-GAKKO

鮪魚與煙燻蘿蔔的
義大利麵

收到了希望用鮪魚製作義大利麵的詢問,我就在想「如果讓鮪魚帶有煙燻的香氣會好吃嗎?」,從這個概念出發,開始在超市尋找相關食材。經過不斷地試作,發現煙燻蘿蔔 (いぶりがっこ) 的味道相當適合。煙燻的香氣也適合搭配起司,發酵食品的鮮味則成為美味湯汁的來源。

🐟 材料 (2 人份)

義式直麵 (1.8mm)	200g
煙燻蘿蔔	50g
鮪魚 (罐頭)	120g
大蒜 (切末)	1瓣
橄欖油	30g (2又1/2 大匙)
味噌	10g (略少於2小匙)
起司粉	10g (略少於2大匙)

🐟 作法

1 將煙燻蘿蔔切成 7 ～ 8mm 寬度的長條狀。

2 在平底鍋內倒入橄欖油,放入大蒜,開小火加熱。大蒜爆香後,加入味噌,以中火將味噌炒至焦狀。

3 待味噌炒香後,放入煙燻蘿蔔確實拌炒。加入180ml 的水,以大火煮滾後加入鮪魚,即可熄火。

    煮麵時間請比包裝上所標示時間縮短約30秒
    (煮法請參照P.12)

4 撈起麵條,確實瀝乾煮麵水,放入步驟 3 持續以中火加熱,攪拌的同時將麵條煮至個人喜好的軟硬度。如果麵條吸附醬汁狀況不佳的話,可再加入 2 大匙的煮麵水。

5 淋上 2 大匙橄欖油 (份量外),撒上起司粉即可盛盤。

PARTA PER CHI AMA IL NATTO

為了納豆愛好者而設想的
納豆義大利麵

WOW!

以義大利經典的「Pasta e Fagioli（腰豆義大利麵）」為靈感發想，改用在日本容易取得的納豆入菜，同時搭配迷迭香與黑胡椒來增添義式風味的香氣。黏黏的納豆炒過之後，吃起來會更加的濃稠，更是食材的鮮味來源。

材料（2 人份）

義式直麵（1.8mm）	90g
納豆	180g（4盒）
洋蔥	60g
培根	60g（4片）
大蒜（切末）	2瓣
橄欖油	40g（3又1/3大匙）
迷迭香	4根
鹽	6g（滿滿1小匙）
粗粒黑胡椒	適量
起司粉	10g（略少於2大匙）

作法

1 將培根切至 7 ～ 8mm 寬度。洋蔥切成薄片。

2 在平底鍋內倒入橄欖油，放入大蒜，開小火加熱。大蒜爆香後，加入培根、洋蔥轉中火拌炒。當培根呈現焦脆狀、洋蔥則炒軟至透明狀時，即可先取出。

3 放入納豆，即使沾黏鍋底也先不用在意，將納豆炒至鬆散的狀態。

4 倒入 400ml 的水並改以大火加熱，宛如像是以鍋鏟不斷地在搓鍋底般，將鍋底沾黏的納豆鏟起煮成湯汁。再將洋蔥和培根放回鍋裡，加入迷迭香、鹽和少許黑胡椒，再將義大利麵折成 3 段後放入鍋裡。

5 因為麵條直接放入鍋內煮，時間需比包裝上所標示的時間加長 2 分鐘。當水分減少時，再加入 4 大匙的水繼續煮麵。

6 盛盤。撒上少許黑胡椒、起司粉，並依照個人喜好淋上橄欖油。

SPAGHETTI ALLA
GIAPPONESE CON SALSICCIA

義大利肉腸的
和風義大利麵

WOW!

散發著香草氣味的肉腸，吃肉的當下就能感受到義式料理的風味，麵條則以日式的柚子胡椒調味，一份料理同時可以吃到兩種美味。絞肉會先以塊狀煎燒，再將其剁切成小塊，吃起來宛如將肉腸（Salsiccia）撕成小塊般的口感。

義式直麵（1.8mm）	160g
豬絞肉	200g
小茴香粉	2.4g（2又1/2小匙）
鹽	2.4g（1/2小匙）
大蒜（磨泥）	2g
鴻禧菇	100g（1包）
橄欖油	15g（1又1/4大匙）
柚子胡椒	5g（略少於1小匙）
起司粉	20g（滿滿的3大匙）
珠蔥（切蔥花）	少許

作法

1　將絞肉、鹽、大蒜與小茴香粉揉捏攪勻。鴻禧菇根部切除，分成小株。

2　在平底鍋內倒入橄欖油，開大火加熱。將步驟 1 的絞肉揉捏成漢堡排的形狀放入鍋內煎烤，煎至兩面都上色時，以鍋鏟將肉塊切成一口大小。

3　倒入180ml 的水，並加入鴻禧菇，轉中火煮至沸騰，將肉與鴻禧菇煮熟即可熄火。

　　煮麵時間請比包裝上所標示時間縮短約30秒（煮法請參照P.12）

4　撈起麵條，確實瀝乾煮麵水，放入步驟 3 內持續以中火加熱，攪拌的同時將麵條煮至個人喜好的軟硬度。如果麵條吸附醬汁狀況不佳的話，這時可以再加入 1 大匙的煮麵水。

5　撒上柚子胡椒、起司粉拌勻盛盤。點綴上蔥花，可以再加上柚子胡椒（份量外）調味。

絞肉事先醃過。加入小茴香粉、鹽拌勻醃製。

RISONI CON MISTO DIMARE E SPINACI SURGELATI

海鮮與菠菜的
義大利湯麵

這道菜只要有冷凍的綜合海鮮、菠菜或是手邊現有的
常備蔬菜，再加上米粒般的小型麵條一同熬煮，就是
一鍋食材滿載的義式燉飯，也可以說是一道湯料理。
冷凍的綜合海鮮可以發揮如同「高湯」般的作用，炒過
後讓水分蒸發，是這道料理美味的關鍵。

🌰 **材料**（2 人份）

米型麵（米形狀的義大利麵）	60g
綜合冷凍海鮮食材	200g
冷凍菠菜	60g
洋蔥	60g
馬鈴薯	90g（2/3顆）
整顆蕃茄（罐裝）	100g
大蒜（切末）	1瓣
橄欖油	40g（3又1/3大匙）
鹽	6g（滿滿的1小匙）

🌰 **作法**

1 將洋蔥、馬鈴薯切成 1cm 大小的丁狀。

2 在平底鍋內倒入橄欖油，放入大蒜，開小火加熱。大蒜
爆香後，加入洋蔥以中火一起拌炒。洋蔥炒軟之後，再
放入馬鈴薯一起拌炒至呈現半透明狀。

3 加入綜合海鮮，一邊以中火炒至水分揮散、食材上色。
再加入整顆蕃茄，以鍋鏟一邊剁碎一邊拌炒，倒入
360ml 的水，放入鹽與菠菜，開大火熬煮。

4 沸騰後，放入米型麵，依照包裝上所標示的時間煮熟。

5 倒入少許橄欖油（份量外）攪拌，仔細拌勻後即可盛盤。

PASTA PATATE E UOVA DI MERLUZZO

用一只平底鍋就可完成
馬鈴薯與鱈魚子的義大利麵

WOW!

以來自拿坡里的地方料理「Pasta e patate（馬鈴薯義大利麵）」為
靈感發想的一款料理。這道簡樸的家庭料理，也有人會以Pancetta
（義式鹽漬豬肉）和蕃茄作為食材。這次我以帶有鮮味與鹹味的鱈
魚子作為食材，只需要一只平底鍋就可簡單完成。令人滿足的味
道可說是療癒系料理的最佳代表之一！

義式直麵(1.8mm)	80g
馬鈴薯(日式五月皇后品種)	200g (小型2顆)
洋蔥	100g
鱈魚子	60g
橄欖油	30g（2又1/2大匙）
鹽	5g（1小匙）
粗粒黑胡椒	少許
無鹽奶油	適量

⚭ 作法

1 將洋蔥、馬鈴薯切成 1cm 的丁狀。

2 在平底鍋內倒入橄欖油，開中火加熱，放入洋蔥拌炒。洋蔥炒軟後，再加入馬鈴薯拌炒，撒上鹽(份量外)拌炒至呈現半透明狀。

3 倒入320ml 的水，撒上鹽，蓋上鍋蓋，待沸騰後轉小火熬煮約10 分鐘。

4 將義大利麵折半放入鍋內，不時地攪拌，煮麵時間依照包裝標示多煮 2 分鐘。

5 將鱈魚子上的薄皮去除，加入步驟 4 內。

6 盛盤並撒上黑胡椒，放上奶油一同食用。

CAPELLINI FREDDI AL POMODORO

日式沾麵吃法的
冷製蕃茄髮麵

WOW!

冷製義大利麵好吃的秘訣在於煮法和冷卻方式。因為煮麵後要立即冷卻的關係，需要將麵煮得稍微軟一些。髮麵可以按照包裝上標示的時間烹煮即可，若是較為粗寬的麵條，建議再延長1～2分鐘的時間煮麵。冷卻的時候，不要使用流動水，泡於鹽水之中 (鹽分濃度1%) 可以保持麵條的風味不變。

🍝 材料 (2 人份)

髮麵　200g

🍝 沾醬材料

蕃茄汁 (無鹽)	300g
鹽	3g
橄欖油	30g (2又1/2大匙)
大蒜 (磨泥)	1/4瓣
水煮鯖魚 (罐頭)	1罐
乾燥奧勒岡葉	少許
調味用蔬菜	
(小蕃茄、紫蘇葉、茗荷、羅勒)	適量

🍝 作法

1 在 400ml 的水裡加入 4g 的鹽，整碗鹽水放入冰箱冷藏備用。

2 製作沾醬。在蕃茄汁內加入鹽、橄欖油、蒜泥。

3 將小蕃茄切成4等分。紫蘇葉、茗荷則切成細絲。將鯖魚罐頭的湯汁濾除。

‖‖ 煮麵時間請按照包裝上所標示時間 (煮法請參照 P.12)

4 撈起麵條，確實瀝乾煮麵水，放入步驟 1 內冷卻，再次瀝乾水分。

5 將麵條和調味用蔬菜一同盛盤。沾醬的部分，將大蒜取出以另一容器盛裝，放入鯖魚、撒上奧勒岡葉，最後以羅勒葉裝飾。

PASTA BACCALÀ E BROCCOLI
鱈魚與花椰菜
餃子皮義大利麵

WOW!

製作手工麵條可說是件大工程,但只要能活用餃子皮的話就會輕鬆許多。平滑的餃子皮,可以品嚐到與平時吃到的義大利麵料理不同的口感。由於餃子皮在煮過後會變得較為黏糊糊,建議先迅速燙過為佳。此外,吸附了鱈魚精華的花椰菜也是一絕。花椰菜可以使用新鮮的花椰菜,使用冷凍的花椰菜則可以加速烹調的時間。

材料(2 人份)

餃子皮	100g
鱈魚切片	1片(75g)
鹽	適量
冷凍花椰菜	100g
大蒜(切末)	1/2瓣
紅辣椒(去籽)	1根
鯷魚抹醬	3g(3/5小匙)
橄欖油	30g(2又1/2大匙)

作法

1　依照鱈魚重量抹上相對應約 1% 的鹽,抹完後暫時靜置。以紙巾擦拭掉表面的水分,切成一口大小。

2　將餃子皮切成 1.5cm 寬度的長條形。

3　在平底鍋內倒入橄欖油,放入大蒜,開小火加熱。大蒜爆香後放入鯷魚抹醬、紅辣椒,仔細拌炒至鯷魚抹醬的生腥味散去。

4　加入花椰菜與 200ml 的水,以中火熬煮。將花椰菜煮軟後,以鍋鏟將其壓成細碎狀。再放入鱈魚持續以中火加熱。

　　餃子皮約煮 2 分鐘(煮法請參照 P.12)

5　瀝乾餃子皮的湯汁,放入步驟 4 內攪拌均勻。

point!

餃子皮變身為生麵條

僅僅切成長條狀,就是立即可利用的生麵條。煮過之後,吃起來是順滑的口感。

一邊煮一邊壓碎花椰菜

將花椰菜壓至細碎可以與義大利麵融為一體,吃起來口感更佳。

PASTA ALLA CREMA DI FUNGHI

菇菇奶油義大利麵

材料 (2 人份)

義式直麵 (1.8mm)	200g
鴻禧菇	100g (1包)
舞菇	100g (1包)
滑菇	70g (2/3包)
培根	40g (2又2/3片)
牛奶	300ml
大蒜 (切末)	1瓣
橄欖油	適量
起司粉	8g (4小匙)
鹽	2g (2/5小匙)
粗粒黑胡椒	少許

WOW!

「YUGETUBE」中的人氣食譜變得更簡單了!只要有牛奶就可以製作。這道料理的製作重點有兩處:首先是鴻禧菇與舞菇不加油乾煎,才能逼出食材內的水分,凝聚鮮味。第二點是滑菇的烹調方式,滑菇的黏性在焦化後,是成為美味來源的關鍵所在,宛若是用了高級的牛菌菇般,充滿著獨特的風味與香氣。

作法

1　將鴻禧菇與舞菇的根部切除,分成小株。滑菇則略為清洗過後放在濾網上瀝乾水分。將培根切成小片狀。

2　在平底鍋內放入舞菇、鴻禧菇,以中火乾煎約 7 ～ 8 分鐘。煎至食材上色後,撒上鹽與倒入 1 大匙的橄欖油,拌勻後取出。

3　再倒入 20g (1 又 2/3 大匙) 的橄欖油,放入大蒜轉小火爆香,炒香後再放入培根一起拌炒。

4　放入滑菇,以小火拌炒。黏黏的滑菇沾鍋也沒關係,持續地將滑菇炒軟。

　　煮麵時間請比包裝上所標示時間縮短約30秒
　　(煮法請參照P.12)

5　倒入 100ml 的煮麵水,像是以鍋鏟不斷地在搓被食材沾黏的鍋底焦處,把鍋底沾黏的食物殘渣帶起來煮成醬汁。再加入牛奶、黑胡椒以及步驟 2 的菇類,以小火煮7 ～ 8 分鐘。

6　撈起麵條,確實瀝乾煮麵水,加入步驟 5 內,調整為中火持續加熱,一邊拌炒所有食材,將麵條煮至個人喜好的軟硬度。如果麵條吸附醬汁狀況不佳的話,可以再加入 1 大匙的煮麵水攪拌。

7　撒上起司粉並熄火,淋上些許的橄欖油即可盛盤。

GRATIN NON COTTO IN FORNO

不用使用烤箱
烘烤的焗烤通心粉

材料（2 人份）

通心粉（快熟版本）	100g
雞胸肉	150g（1/2片）
鴻禧菇	50g
大蒜（拍扁）	1瓣
牛奶	200ml
鹽	適量
高筋麵粉	15g
橄欖油	30g（2又1/2大匙）
起司粉	30g（5大匙）

作法

1 將雞肉切成一口大小，依照雞肉的重量抹上相對應 1% 的鹽及高筋麵粉。鴻禧菇的根部切掉，撥成小株。

> 煮麵時間請按照包裝上所標示時間（煮法請參照 P.12）

2 在平底鍋裡倒入 15g（約滿滿 1 大匙）的橄欖油，放入一半份量的通心粉開中火拌炒。炒至上色後，均勻地撒上約 10g 的起司粉，起司開始呈現焦褐色時即可先取出。

3 將平底鍋清理乾淨，倒入15g（約滿滿1 大匙）的橄欖油，放入大蒜以小火爆香後，再放入雞肉一起拌炒。雞肉炒至上色後即可放入鴻禧菇，炒至整體食材表面呈現油光時，即可先將大蒜取出。

4 接著，倒入牛奶、1g 的鹽以及剩下尚未加熱過的通心粉，一邊熬煮並適時地攪拌。開始變得黏稠後，放入步驟 2 攪拌均勻。

5 最後撒上 20g 的起司粉，即可盛盤。

WOW!

「是否有不使用烤箱，也能簡單完成焗烤通心粉的方法？」因為這樣的發想而誕生了這道食譜。為了能做出通心粉與起司的焦香和酥脆的表皮，通心粉只先放入一半的份量，再撒上起司粉增添香氣。如此一來，即可做出能夠同時品嚐到外酥內軟兩種口感通心粉的一道焗烤料理。

point!

在雞肉抹上麵粉

藉由在雞肉抹上麵粉並用牛奶煮過，比較不會讓麵粉結塊，並且能夠讓雞肉保持嫩滑的口感。

將通心粉炒過

以橄欖油煎過通心粉，上色後通心粉吃起來的口感會更香脆。

撒上起司粉

煎過酥脆的通心粉加上起司粉，起司的香氣讓整體風味更佳，吃起來如同在烤箱烤過般的口感。

倒入牛奶

將雞肉、鴻禧菇炒過後，倒入牛奶，這樣做的話還能省去製作白醬的步驟。

LASAGNE NON COTTE AL FORNO

不用放入烤箱的
焗烤千層麵

〰 **材料**（6 人份）

餃子皮　　　　　20張
披薩用起司絲　　24g（1/4杯）

〰 **白醬材料**

高筋麵粉　　　　30g
無鹽奶油　　　　40g
牛奶　　　　　　500ml
鹽　　　　　　　3g（3/5小匙）
起司粉　　　　　20g（3又1/3大匙）

〰 **肉醬材料**（參照P.14）

與白醬同量　　　約500g

製作肉醬時請參考 P.14 的份量，僅需製作肉醬即可。亦可使用自家製品或市售的現成肉醬。

〰 **作法**

1 排列 6 張餃子皮在平底鍋內，以中火乾煎。表面煎至焦黃，撒上披薩用起司絲，等起司融化上色後就可以先取出備用。

2 製作白醬。在平底鍋內放入奶油，開小火加熱，並加入麵粉攪拌。奶油與麵粉融為一體後，分 3 次倒入牛奶，調整為中火並持續攪拌，再加入鹽攪拌。

3 將剩下的餃子皮放入鍋內，以小火煮2～3分鐘，再撒入起司粉攪拌均勻。

4 在盤內分別以肉醬和步驟 3 的順序，交叉堆疊約 2～3層，最上面一層請放上步驟 3 的餃子皮。最後，將步驟 1 的餃子皮覆蓋在頂端，依照個人喜好撒上起司粉。

WOW!

千層麵雖然是道手續非～～～常繁雜的料理，因此，我把這道菜的步驟直接減半！關鍵在於我將麵皮直接以餃子皮替代。材料中使用餃子皮的2/3份量先以白醬煮過，吃起來帶有黏稠的口感。剩下的會以平底鍋煎成香脆的質地，鋪在食材的最上方，吃起來彷彿剛從烤箱出爐般的迷人香氣。

以平底鍋乾煎餃子皮

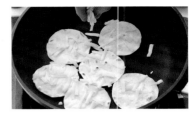

以乾煎的方式煎過餃子皮，表面上色後即可鋪上披薩用的起司絲。

拌勻奶油與麵粉

奶油融化後倒入麵粉拌勻，當兩者混合均勻呈現結塊狀態即可。

加入牛奶拌勻

加入牛奶之後，攪拌讓麵粉不結塊，並分次依序倒入牛奶，仔細攪拌均勻。

煮餃子皮

在白醬中燉煮餃子皮

我愛用的調理道具

「YUGETUBE」的觀眾經常詢問的調理道具,在這裡一一介紹。

可以將義大利麵條
完美盛盤的秘密武器

長型鑷子

義大利麵盛盤之時,用一般的夾子當然也可以。在店內我會使用這種長度約30cm的長型鑷子,以方便捲麵。依照擺盤的方式,看是要擺成圓形或是美麗的山形都適合用鑷子來盛盤。在網路上約1,000日圓即可購入。

一邊以長型鑷子抓住麵條,一邊在麵杓中捲麵,塑形成美麗的圓弧狀。

製作醬汁或是拌勻麵條時
只要有這個就足夠

鋁製單柄鍋

熬煮醬汁、將麵條放入拌勻的時候,方便使用的單柄鍋。因為是鋁製所以輕薄且導熱性佳,直接放入烤箱內也沒問題。只是,因為是業務用的鍋具,所以沒有經過鐵氟龍的塗層加工,加熱的同時食材容易沾底。因此反而正合乎我的烹調方式,如同一開始所說,焦化的過程中會轉變為美味的關鍵來源。

「EBM Pro Chef 淺型單柄鍋」尺寸從直徑15到27cm皆有,我使用的尺寸為21cm的鍋型,在網路上即可購入。

專業廚師也愛用的
刀具

Misono 刀具

專業廚師之間頗具人氣的「Misono」刀具,從牛刀到各種尺寸的款式皆有,我喜歡小型菜刀的握感,一直以來都是我的愛用款式。圖左是E.DEHILLERIN 的刀具,在巴黎修業時期使用過的刀具,充滿著當時的回憶,現在依然持續使用著。

番外篇 製作醬料時
方便的小道具

食材碎末處理器

切末或是製作醬料時,在餐廳通常使用食物調理機,如果是一般家庭則可以考慮這款食材碎末處理器。既不需要電源,只要拉繩就可以切碎食材。特別是在製作「義式醬料」(P.62 〜)時,會讓料理的製作過程更加輕鬆。

在「YUGETUBE」中經常登場的這款食材碎末處理器,在量販店或是網路上都可以買到各種類似的款式。

只要有了這個的話！常備秘傳的百搭「義式醬料」

來自義大利麵世界冠軍的大力推薦，其實就是自家製的「醬料」。無論淋在烤肉、魚類料理上，搭配義大利麵、作為沙拉的醬料、醃漬溫蔬菜⋯⋯等各式料理，只要加上這些醬料，就可以變化出多樣的美味可能性！事先備好的話，快速上菜之餘還能吃到專業級的口味，非常值得做看看。

SALSA SALMORIGLIO
西西里香草油醋醬
以巴西里、檸檬製成的清爽南義風味醬料

WOW!

這款來自南義的傳統醬料，以容易入手的巴西里、珠蔥等食材製成合乎日本人口味的版本。原來是以義大利香芹、檸檬、橄欖油、奧勒岡葉、鹽等食材製作，還加入鰻魚抹醬、泰式魚露來提鮮與增添鹹味。這是個蔬菜、肉類、魚類(特別是生魚)等任何料理都適用的一款萬能醬料。

材料(方便製作的份量)

巴西里(葉片)	5g
珠蔥	5g (1條)
鰻魚抹醬	5g (1小匙)
檸檬汁	10g (2/3大匙)
泰式魚露	4g (略少於1小匙)
橄欖油	36g (3大匙)
奧勒岡葉	少許

作法

1 將巴西里、珠蔥切末。

2 將剩下的食材混合，充分攪拌至呈濃稠的糊狀。

主廚推薦的使用料理

蔬菜 淋在水煮蔬菜上
魚 薄切生魚片(Carpaccio)
肉 涮肉片(Shabu Shabu)

ARRANGE!

時髦的前菜料理淋上
西西里香草油醋醬
日本大蔥的煮物料理

將日本大蔥置入鍋內，加上1%的鹽水，蓋上鍋蓋以小火煮30分鐘。將大蔥切成一口大小，淋上西西里香草油醋醬，就是一道時髦的前菜

CONDIMENTO AL FENNEL E MIELE

蜂蜜醬

讓蔬菜更好吃的魔法醬料

WOW!

光是改變香草的種類就能吃到正宗的義大利風味。如果想讓料理更加與衆不同的話，比起調整味道不如讓香氣發揮作用，效果會更爲顯著。我在法國修業時學習到這款醬料的調製方法。原先的作法是使用芫荽，只需要更換成小茴香，搖身一變就讓料理瀰漫著義式料理的風味。味道不會過酸的這款醬料，小朋友也能吃得津津有味，最適合淋上蔬菜大口大口的享用。

材料（方便製作的份量）

橄欖油	50g（滿滿的4大匙）
白酒醋	20g（1又1/3大匙）
蜂蜜	30g（1又1/3大匙）
鹽	少許（0.5g）
小茴香粉	0.5g（1/2小匙）
奧勒岡葉	少許

作法

1 將橄欖油以外的材料充分拌勻，讓蜂蜜、鹽確實融爲一體。

2 逐次倒入少許的橄欖油，以打蛋器攪拌均勻。

主廚推薦的使用料理

蔬菜 搭配蔬菜沙拉、烤蔬菜、水煮蔬菜

ARRANGE!

吃得到自然甘甜的
醃漬烤蔬菜

作法請參照P.76

OLIO LIMONE
橄欖檸檬醬
只需要橄欖油和檸檬，簡單就是王道！

WOW!

在義大利的餐館桌上，常常會見到的一款免費醬料。可以依照自己的喜好與巴沙米可醋、橄欖油等一起淋在沙拉等料理上，簡單卻又不失美味。檸檬皮不要丟，記得將檸檬皮加入醬料，可以感受到更為清爽的香氣，讓料理更有層次。雖然做好馬上就可以吃了，稍微放置一陣子再吃的話，檸檬的香氣會更加明顯喔！

材料（方便製作的份量）

| 檸檬 | 1顆 |
| 橄欖油 | 50g（滿滿的4大匙） |

作法

1　以削皮刀將檸檬去皮，擠壓出檸檬汁（50ml）。

2　將檸檬汁、橄欖油混合後拌勻，再加入檸檬皮就完成。

主廚推薦的使用料理

蔬菜　各式個人喜好的沙拉
魚　　淋在烤魚上

ARRANGE!

飄著檸檬香氣的鹽烤竹莢魚

將鹽塗抹在竹莢魚或是其他個人喜好的魚類上，放入烤盤內燒烤。烤好後，淋上這款橄欖檸檬醬。

SALSA VERDE
義大利青醬

義大利最出名的「綠色醬料」

WOW!

通常若以義大利香芹來製作的話，光是葉片就需準備將近25g。以「更簡單一點!」的方式製作的話，改用一般的巴西里葉製作，美味不減。任何菜色都萬用的這款沾醬，在義大利人心中就像是日本人看待「蔥鹽醬」這款國民醬料般的地位。

材料（方便製作的份量）

大蒜（切薄片）	10g（約2瓣）
酸豆	20g
巴西里（葉片）	25g（約1/2包）
橄欖油	72g（6大匙）

作法

將巴西里、大蒜、酸豆等食材放入食材碎末處理器或食物調理機內，倒入橄欖油，攪碎至呈現黏稠的狀態即可。

主廚推薦的使用料理

蔬菜 各式個人喜好的沙拉
肉類 沙拉用雞胸肉、涮豬肉片

ARRANGE!

現成的沙拉用雞胸肉也能做成餐酒館風的下酒菜!

擦拭掉現成的沙拉用雞胸肉表面上的汁液，切成方便入口的大小，沾著這款青醬一起享用。

SALSA TONNATA

義式鮪魚醬

義大利版本的鮪魚美乃滋

 **材料**（方便製作的份量）

鮪魚罐	60g
酸豆	23g
味噌	3g（1/3小匙）
大蒜（切末）	1.5g（1/3小匙）
橄欖油	75g（6又1/4大匙）

作法

1　在平底鍋裡倒入橄欖油，放入大蒜開小火加熱。開始爆香後，加入味噌將其炒香。

2　加入酸豆，翻炒至酸味蒸發，再加入鮪魚罐，炒至整體食材融為一體。

3　將食材放入手持式攪拌棒或食物調理機內，磨成泥狀即可。

主廚推薦的使用料理

蔬菜　蒸煮蔬菜
肉類　蒸雞料理

WOW!

這道菜的秘訣在於加了少量的味噌，確實加熱過後讓味噌的發酵成分轉變為料理中的鮮味。沒有使用美乃滋，改加入酸豆，會感受到像美乃滋的微微酸味飄散在口中。所有的食材在鍋中經過反覆的翻炒，加熱後吃起來會是更豐富的層次韻味。無論是搭配肉料理、塗在麵包上當作下酒菜來享用，都相當適合。

ARRANGE!

**北義大利的傳統菜餚
燒烤豬小里肌的變化版**

在200g的豬小里肌肉均
勻抹上鹽、胡椒，再放
入已經倒入橄欖油的平
底鍋上，以中火翻炒約
4分鐘。熄火後靜置在
鍋內約4分鐘，讓餘熱
可以繼續加熱食材。接
下來，改以各3分鐘的
頻率翻炒再放置，同樣
的步驟重複兩次。待稍
微放涼後，切成薄片盛
盤，淋上鮪魚醬。

ARRANGE!

**淋在烤得香酥的法國
麵包上**

將法國麵包切成10cm
長度的4等分，烤過後
塗上義式鮪魚醬，撒上
少許的起司粉。

SALSA GENOVESE ALLA GIAPPONESE

和風羅勒青醬

用紫蘇葉和韭菜就可以簡單製作的醬料

WOW!

一般羅勒青醬的材料為羅勒與松子等價格較高的食材。如果是家庭用的話，是否有較為實惠的食材選擇呢？捨棄羅勒，改用常見的紫蘇葉和韭菜，並將松子改成市售的芝麻醬替代。製作的時候，將葉片類放在下層，其他的材料置於上方，攪拌成均勻的泥狀。

主廚推薦的使用料理

肉類 涼拌肉片

義大利麵 義大利冷麵（螺旋麵）

材料（方便製作的份量）

紫蘇葉	10g（10片）
韭菜	20g（1/5把）
味噌	10g（略少於2小匙）
起司粉	30g（5大匙）
芝麻醬（市售品）	20g（1又1/3大匙）
橄欖油	20g（1又2/3大匙）

作法

將紫蘇葉、 韭菜（切成3cm的長度）、 味噌、 起司粉、 芝麻醬、 橄欖油等食材按照順序， 放入食材碎末處理器或食材調理機內攪拌。

製作成有粗粒口感，或是滑順的泥狀都可以。

ARRANGE!

只要加了這款醬料，日式涼拌豆腐瞬間變成義式風味

豆腐瀝乾水分並裝盤，放上和風羅勒青醬，可以依照個人喜好加上小蕃茄。

ARRANGE!

只需要淋上和風羅勒青醬就可以！搭配青椒超級下飯

將生青椒切成絲，與醬料拌勻即可。

SALSA VERDE
萬用麵包粉
烤過的酥脆蒜香味

WOW!

南義大利的料理常常使用麵包粉。那有沒有可能只要撒上麵包粉就可以很好吃呢？只需將麵包粉以奶油炒過，以大蒜、鰻魚、起司等食材提味，美味香氣加上酥脆的口感，讓料理整體大大加分。放入熱湯裡可以增加黏稠感，或是撒在義大利麵上替代起司粉使用，使用的方式有無限可能。

材料（方便製作的份量）

麵包粉	100g（2又1/2 杯）
橄欖油	10g（2又1/2小匙）
蒜泥	5g（1小匙）
鰻魚抹醬	5g（1小匙）
無鹽奶油	10g（2又1/2小匙）
起司粉	10g（1又2/3大匙）

作法

1 在平底鍋裡倒入橄欖油，放入大蒜開小火加熱。開始爆香後，加入鰻魚抹醬，仔細拌炒直至鰻魚抹醬的生腥味散去。

2 加入麵包粉，以小火炒到呈現淡淡的褐色狀。

3 放入奶油、起司粉，翻炒均勻即可。

主廚推薦的使用料理

義大利麵 清炒系列或是紅醬系列義大利麵

ARRANGE!

口感與香氣更上一層的烤鮭魚佐麵包粉

在生鮭魚上塗抹適量的鹽、胡椒，在倒入橄欖油的平底鍋以中火煎鮭魚，兩面都煎熟。盛盤後，塗上少許芥末籽，撒上萬用麵包粉就可以吃了。

弓削啟太 HISTORY　成爲義大利麵世界冠軍之道

1985 年
誕生於佐賀縣

出生於佐賀、成長於佐賀的九州男兒。喜歡的食物是「納豆」和「醃漬物」的棒球少年，這個時候還與時髦的料理沾不上邊。

高中時代
甲子園登場

進入棒球名校就讀，高中二年級時替受傷無法上場的前輩代打，因緣際會下站上打擊區。看到電子顯示板上出現自己名字的時刻，至今仍然深深記得那份感動。

加拿大留學

取得加拿大的打工簽證，前往溫哥華的語言學校留學。爲了增進英語的學習與獲得免費的員工餐，開始了在義大利餐廳打工的時期。在主廚的推薦下，進而在當地的料理專門學校深造，也是我與料理開始接觸的起點。溫哥華是個到處充滿著咖啡香氣的城市，上班前到喜歡的咖啡店來杯咖啡，也是我日常生活的一部分。

歸國並開始
法國料理的修業

下定決心以料理爲一生的志業，因而回到了日本。抱持著「既然要做的話，就要在最一流的餐廳工作」的決心，開始在東京京橋的法國料理老店「Chez Inno」工作。最初被分發的部門是Pâtissier（甜點部門）。因爲會說英文，而被指派爲來自法國的甜點主廚的助理，但由於我完全沒有製作甜點的經驗，抱持著忐忑不安的心情展開了這份工作。意外地在製作甜點的過程中，發現與自己的個性相當契合，現在回想起來那段時光真的是非常開心的回憶。這份甜點師的經驗，直到現今也仍然是我工作上的助力之一。

在巴黎米其林
三星餐廳的研習

在日本累積了法國料理的工作經驗後，做好了充分的準備，將目標朝向法國料理的大本營- 巴黎。在寄送了數封履歷表後，總算獲得了巴黎三星餐廳「Guy Savoy」的錄取。在巴黎感受到與日本的文化差異之餘，深深受到法國食材而感動，對於法式料理也有了更深一層的認識。休假時，盡可能的在街上嘗試各種料理，從當時吃到的義大利餃到各種義大利麵，激起了我對義大利菜的興趣。

返國並啟程
義大利料理之道

返回日本之後，加入現職的義大利餐廳SALONE集團。首先赴任於大阪的「Ristorante QUINTOCANTO」，再到橫濱的「SALONE2007」擔任主廚的工作。

2019 義大利麵
世界冠軍

從國內的初選脫穎而出，與世界各國一共14 位的年輕主廚共同參賽。評審以來自於世界級的知名義大利餐廳主廚 Davide Oldani 爲首，聚集了共5 名的星級主廚與知名設計師，分別以技術、味道、呈現方式等各項目評分。沒想到！居然能夠獲得義大利麵世界冠軍的頭銜。在比賽中，我以柚子、山椒和日本酒等食材運用在義大利麵上，展現了這道以「日本香氣」爲特色的冠軍料理（食譜請參照P.98 ～）。

開設
YouTube 頻道

2020年開始了以料理影片爲主的「YUGETUBE」。「終於在家也能吃到餐廳級的口味！」、「老婆與女兒吃到都開心地稱讚！」在這期間收到了這些令人開心的訊息，讓我倍受鼓勵，感謝大家的支持。

PART.4

沒有吃過這樣的料理!
打破既定印象的「義大利家常菜與下酒菜」

從超市就可輕易入手的食材,變化出充滿義大利風味的特色料理。比如說將
白飯搭配出新滋味,讓平常的晚餐不太一樣!或者是可以搭配紅酒等酒類的
下酒菜,你家餐桌也可以是餐酒館唷!與身邊重要的人一起快樂的享受料理
帶來的時光。

PISELLI GRIGLIATI CROCCANTI
卡滋卡滋的碗豆燒

WOW!

這是我們餐廳當作配菜的一道料理，吃起來充滿口感又飽富香氣，不知不覺地就會吃光光，讓人欲罷不能的美味。與餐廳不同的是，家庭版本會改用容易取得的起司粉製作。

各種蔬菜的
義式下酒菜

GERMOGLI DI SOIA NAMUL ITALIANO
義式風格的涼拌豆芽菜

WOW!

豆芽菜以相當於海水鹽分程度的「3%鹽水」汆燙過，既可去除掉多餘的水分，吃起來的鹹度也恰到好處。這道菜中的大蒜為增添香氣用，上菜時可先取出。

FUNGHI ALLA GRIGLIA
乾燒香菇

WOW!

香菇內含豐富的水分，下鍋時不需加油乾燒即可。在歐洲，料理方式會在逼出香菇的水分後，再讓香菇吸滿橄欖油，這時香菇的鮮味會被封存，吃起來是絕妙的口感。

卡滋卡滋的碗豆燒

🍃 材料（方便製作的份量）

冷凍豌豆（罐頭亦可）	100g
大蒜（拍扁）	1瓣
橄欖油	36g（3大匙）
起司粉	適量
鹽、粗粒黑胡椒	各少許

🍃 作法

1 在平底鍋裡倒入橄欖油，放入大蒜開小火加熱。開始爆香後，先將大蒜取出。

2 加入豌豆（如用罐頭的話，先將水分瀝乾），調整為中火加熱。一邊攪拌，一邊炒豆子，需要炒到豆子裂開、焦色，酥脆的狀態。

3 撒上起司粉、鹽與胡椒，快速地拌勻。可以依照個人喜好淋上橄欖油。

義式風格的涼拌豆芽菜

🍃 材料（方便製作的份量）

豆芽菜	100g
蝦仁	40g
胡椒	少許
橄欖油	5g（滿滿1小匙）
大蒜（切薄片）	少許

🍃 作法

1 鍋內倒入 1 公升的熱水煮沸，加入 3% 的鹽（30g）。煮沸後加入豆芽菜，再次沸騰後中火煮約 3 分鐘。

2 放在濾網上以冰水冰鎮，再瀝乾水分。將蝦仁切成容易食用的大小。

3 在碗內放入步驟2、橄欖油、大蒜及胡椒拌勻即可。

汆燙過的豆芽菜放入冰水內

豆芽菜燙好後，盡可能地放在冰水內冰鎮，吃起來會更爽脆，放久了也不易出水。

乾燒香菇

🍃 材料（方便製作的份量）

個人喜好的菇類	
（鴻禧菇、舞菇、杏鮑菇等）	100g
橄欖油	12g（1大匙）
巴沙米可醋	1小匙
鹽	1小撮
粗粒黑胡椒	少許

🍃 作法

1 將鴻禧菇、舞菇的根部去除，撥散成容易入口的大小。杏鮑菇對半切，用手將其撕成容易食用的粗細。

2 將所有菇類排列於平底鍋內，以中火乾煎至乾扁上色的狀態。

3 倒入橄欖油並與菇類拌勻，最後再淋上巴沙米可醋、鹽與胡椒拌勻即可。

煎至看起來像是枯葉般的狀態

加油熱煎的話，會讓香菇過於出水。建議乾煎讓香菇煎至看起來如枯葉般的乾扁狀態。

STUFATO DI FAGIOLINI
燉煮四季豆

〰 **材料**（2 人份）

冷凍四季豆	150g
培根	30g（約2片）
洋蔥	30g（1/5顆）
大蒜（切末）	1瓣
橄欖油	15g（1又1/4大匙）
味噌	2g（1/3小匙）
蕃茄糊	3g（1/2小匙）
迷迭香（如果有的話）	1根
乾煎過的麵包粉	
（或是P.69的萬用麵包粉）	適量
粗粒黑胡椒	適量

〰 **作法**

1 將培根、洋蔥切末。

2 鍋內放入培根、洋蔥，以小火拌炒，培根在鍋內逼出一些油脂、洋蔥也炒軟後，先取出備用。

3 倒入橄欖油、大蒜開小火加熱。炒到爆香後，加入味噌、蕃茄糊，一邊翻炒一邊開中火炒到近乎沾底的狀態。

4 放入四季豆，快速拌勻，再倒入 300ml 的水、步驟 2 與迷迭香。

5 煮滾後調整為小火，一邊以鍋鏟剁壓四季豆，煮 20 ～ 30 分鐘。

6 盛盤，撒上麵包粉與黑胡椒。

WOW!

「Stufato」是義大利文在爐上小火燉煮的意思，將食材煮到極致般軟嫩的狀態。在日式料理中，四季豆的料理方式常以鮮脆帶有口感的狀態而廣受歡迎，但在歐洲則偏向燉煮的方式，讓四季豆可以充分吸收食材的精華。

將四季豆以鍋鏟一根根地剁壓，讓四季豆內部的纖維部分露出，享用的時候，可以感受到四季豆多樣的口感變化。

STRACCIATELLA
義大利風蛋花湯

材料 (2人份)

蛋白	2顆份
起司粉	5g（2又1/2小匙）
麵包粉	10g（3又1/3大匙）
洋蔥	20g（約1/8顆）
培根	20g（比1片稍小一些）
大蒜（切末）	1瓣
橄欖油	15g（1又1/4大匙）
味噌	20g（滿滿1大匙）
巴西里（切末）	適量
粗粒黑胡椒	適量

作法

1 打散蛋白，加入起司粉與麵包粉拌勻。

2 將洋蔥與培根切成末狀。

3 鍋內倒入橄欖油並加入步驟2，以小火炒，洋蔥炒軟後先取出備用。

4 在同個鍋子內加入大蒜、味噌炒香，味噌炒到焦化時倒入360ml的水使其沸騰，同時以鍋鏟不斷地搓鍋底被食材沾黏的焦處，把鍋底沾黏的食物殘渣融為湯汁。

5 把步驟3放回鍋中，並加入步驟1。一邊加熱沸騰煮約1～2分鐘。盛盤後，撒上巴西里、黑胡椒，依照個人喜好淋上橄欖油。

WOW!

羅馬的當地料理，利用雞蛋烹調的湯品。在製作義式培根蛋麵（參照P.16）或是甜點時，往往只使用蛋黃，這時候就可以在這道料理活用剩下的蛋白。最後再加入蛋白、起司粉與麵包粉三種食材，吃起來鬆鬆綿綿，彷彿就像是茶碗蒸的口感般。味噌的加入則替這道菜帶來高湯般的鮮甜滋味。

VERDURE GRIGLIATE MARINATE

香煎蔬菜風味漬

❀ 材料 (2 人份)

紅蘿蔔	1/3～1/2根
牛蒡	1/4～1/3根
南瓜	約1/8顆
橄欖油	2～3大匙
蜂蜜醬 (參照P.63)	適量
義大利香芹 (如果有的話) (切末)	適量

❀ 作法

1 將紅蘿蔔切成長條狀的 8 等分。牛蒡則切成 4 等分的長條狀。南瓜切成 5 ～ 6cm 的長度、7 ～ 8mm 的寬度。

2 在平底鍋內倒入橄欖油，以中火加熱，紅蘿蔔和牛蒡各自放入煎過。當蔬菜呈現焦化、內部熟了的狀態時即可取出，趁熱淋上 1 大匙蜂蜜醬於蔬菜上，以保鮮膜密封住。

3 開小火慢慢加熱南瓜，熟了即可取出。與步驟2同樣淋上醬料後，以保鮮膜密封，讓食材冷卻。

4 盛盤，撒上義大利香芹就可以享用了。

WOW!

義大利的常備菜之一。用稍微多一點的油熱煎各種蔬菜，取出後淋上醬汁，以保鮮膜密封。這樣做的話，可以讓熱呼呼的蔬菜吸收更多鮮味，吃起來像是長時間燉煮過般非常入味。

用保鮮膜更入味

在煎過的蔬菜淋上蜂蜜醬後，用保鮮膜密封住食材。

CIPOLLE GRIGLIATE ACCIUGHE AGLIO OLIO
鯷魚蒜香油煎洋蔥

🍥 **材料**（2 人份）

洋蔥	1大顆
橄欖油	1大匙

🍥 **鯷魚大蒜油醬材料**（容易製作的份量）

橄欖油	100g（約8大匙）
大蒜（切薄片）	20g（約4瓣）
鯷魚抹醬	25g

🍥 **作法**

1　製作鯷魚大蒜油醬。在平底鍋內倒入橄欖油，放入大蒜開小火爆香，上色後再加入鯷魚抹醬，炒香後就可以先熄火，使其冷卻。

2　將洋蔥切成 8 等分的半月形。取另一平底鍋倒入橄欖油，開中火加熱並放入洋蔥，將洋蔥炒軟至呈現焦褐色。

3　盛盤後淋上適量的鯷魚大蒜油醬，讓食材與油醬攪拌均勻。

WOW!

洋蔥香煎過的焦甜可以襯托出鯷魚與大蒜的風味。經過放置也不失其美味程度，冷藏保存就是一道常備小菜。這裡介紹的鯷魚大蒜油醬可以一次大量製作，這款萬用的醬料用來沾烤蔬菜、沾麵包，或是當作義大利麵的醬料使用都很適合。

STRACCIATELLA
義式烘蛋

曾經詢問同業的主廚是否有「令人印象深刻的
義式料理?」時,得知這道加入了櫛瓜、薄荷的
煎蛋料理。雖是雞蛋料理卻帶著蔬菜、薄荷新
鮮氣味的的嶄新組合。半熟蛋的質地,一切開
會流出濃稠的內餡。

材料(2 人份)

雞蛋	3顆
起司粉	20g (3又1/3大匙)
洋蔥	125g (1/2顆)
櫛瓜	1條
薄荷 (葉片)	5g
橄欖油	適量
鹽	適量
大蒜蕃茄醬 (作法如下方)	適量

(可使用蕃茄醬替代)

作法

1 將洋蔥切成薄片。櫛瓜則切成 7 ～ 8mm
寬度的半月形。

2 平底鍋內倒入 1/2 大匙的橄欖油,並加
入洋蔥以中火炒香。當洋蔥變成焦褐色
時,撒入少許鹽,就可以先取出備用。
接著再加入櫛瓜以中火稍微拌炒,與鍋
內的油份混合均勻後,先取出備用。

3 在碗內打散蛋液,拌入起司粉。將步驟
2 的蔬菜、薄荷葉加入拌勻。

4 取 一 口 徑 稍 小 的 平 底 鍋 (直 徑 約
14cm),倒入 1/2 大匙的橄欖油於鍋內
加熱。接著倒入步驟 3 持續以中火加
熱,待周圍凝固,中心呈現半熟的狀態
時將蛋皮折半。

5 整體呈現焦褐色時,就可以取出盛盤。
可以沾大蒜蕃茄醬一同享用。

大蒜蕃茄醬的作法

在鍋內放入 4 瓣打碎的大蒜、30g (2 又 1/2 大
匙) 的橄欖油、300g 的整顆蕃茄,以小火煮約
30 分鐘,再以手持式攪拌機或食物調理機打
成糊狀。

煮過的冷凍烏龍麵條和
大蒜蕃茄醬拌勻,吃起
來就像是簡易版本的紅
醬風味手打義大利麵。

ASPARAGI E UOVO FRITTO
清燙蘆筍佐荷包蛋

材料 (2 人份)

綠蘆筍	6 根
雞蛋	2 顆
橄欖油	20g（1又2/3大匙）
無鹽奶油	10g（2又1/2小匙）
大蒜（拍扁）	1/2 瓣
米醋（或是白酒醋）	30g（2大匙）
鹽、粗粒黑胡椒	各適量
起司粉	適量

WOW!

蘆筍搭配塔塔醬的組合，光想就很好吃吧！這裡要介紹更為簡單的作法。先將荷包蛋以大火煎過，半熟狀的蛋黃淋上醋，一邊搓破蛋黃與蘆筍攪和均勻，入口的當下湧來的是塔塔醬般的驚奇口感。

作法

1 煮沸 1 公升的水並加入 1% 的鹽（10g）。

2 將蘆筍根部堅硬的部分用削皮刀剝除，放入步驟 1 內煮過。將蘆筍燙過使其保持翠綠的色澤，放置於濾網上瀝乾冷卻。

3 在平底鍋內倒入橄欖油，並加入無鹽奶油、大蒜，以小火加熱，大蒜爆香後先取出備用。

4 打蛋於鍋內，開大火加熱。當蛋白凝固，四周變成焦色時，淋上醋就可以先熄火。

5 將步驟 2 盛盤，放上步驟 4，最後撒上起司粉、胡椒。

NAMERO PALAMITA
SICILIANA

西西里風
醃漬生鰹魚

CARPACCIO
COLATULA

魚露漬鯛魚

西西里風
醃漬生鰹魚

WOW!

食材中的芝麻與肉桂的香氣讓人感受到異國情調的氣氛，適合搭配紅白酒的一道生食料理。在西西里，通常會將芝麻揉入麵包裡；在這個各式文化交匯之處，肉桂也是常用的香料，甜美氣味讓人彷彿置身於中東或非洲。魚肉的部分，除了鰹魚，使用沙丁魚或竹莢魚也都很適合。

🍥 材料 (2 人份)

鰹魚 (切片)	60g
鹽	1g (1/5小匙)
珠蔥	6g (2根)
肉桂粉	1g (1/2小匙)
紫蘇葉	1片
白芝麻粒	少許

🍥 芝麻醬材料

白芝麻醬	10g (1又2/3小匙)
泰式魚露	2g (2/5小匙)
橄欖油	4g (1小匙)

🍥 作法

1 把鰹魚切成適當的大小，塗抹鹽巴於表面。

2 珠蔥切成蔥花。

3 將芝麻醬所有的材料拌勻。

4 步驟1、2、3的食材混勻後，以菜刀將食材剁切成細碎狀。移至碗內，放入肉桂粉攪拌拌勻。

5 在器皿鋪上紫蘇葉，再將步驟4盛入器皿內，撒上白芝麻粒。

魚露漬鯛魚

WOW!

日本料理「醃漬鮪魚」的義大利版本。所謂的「鯷魚醬」是義大利版本的魚露，在古羅馬時代只有貴族才能使用的傳統調味料，這裡則以泰式魚露替代。稍稍醃漬過後，鮮美的滋味與黏稠帶有彈力的口感瞬間在口中展開，讓人感到驚奇的口感。

🍥 材料 (2 人份)

鯛魚生魚片	100g
泰式魚露	7g (1/2大匙)
橄欖油	4g (1小匙)
任何辛香料蔬菜	適量
(珠蔥、茗荷、紫蘇葉等)	

🍥 作法

1 在生魚片淋上泰式魚露，再覆蓋上保鮮膜，放入冰箱冷藏約 20 分鐘。

2 將辛香料蔬菜切成細末。

3 將步驟1和橄欖油拌勻後盛盤，辛香料蔬菜擺放在魚片上。

MERLUZZO FRITTO ALLA PUTTANESCA

煎鱈魚佐煙花女風醬

材料（2 人份）

鱈魚切片	2片
馬鈴薯	大1顆（200g）
鹽、麵粉、橄欖油	各適量
乾燥奧勒岡葉	適量

煙花女風醬材料

酸豆	15g（4顆）
綠橄欖	15g（4顆）
黑橄欖	15g（4顆）
大蒜（切末）	1瓣
橄欖油	30g（2又1/2大匙）
鯷魚抹醬	6g（略少於1小匙）
整顆蕃茄（罐裝）	150g

作法

1. 製作煙花女風醬料（參照 P.25 作法的步驟 1～4）。

2. 馬鈴薯削皮後切成 6 ～ 8 等分的半月形切片，放入耐熱容器內，撒上少許鹽，封上保鮮膜，放入微波爐以 600W 加熱 5 分鐘。

3. 鱈魚兩面塗抹上鹽分醃漬，用紙巾擦拭掉滲出的水分，並在兩面塗抹上麵粉。

4. 在平底鍋倒入 3 大匙的橄欖油，將步驟 2 的馬鈴薯排列於鍋內，以中火熱煎，煎至表面上色後先取出備用。

5. 將步驟 3 放入鍋內，以中火單面約煎 3 分鐘，煎至兩面上色。

6. 將步驟 5 與步驟 4 盛入盤內，放上煙花女風醬料，再撒上奧勒岡葉。

WOW!

我在加拿大的溫哥華留學的時候，將當地知名小吃「炸魚薯條」改編成義大利風格的小菜。因為僅需使用稍多的油量煎過，比起一般炸物製作上來得簡單。這道料理與煙花女義大利麵的醬料相同，使用義大利麵（參照P.25）剩下的醬料當然沒問題。

GAMBERRI E FUNGHI SALTANI
蕃茄醬蝦仁炒菇

材料 (2 人份)

蝦子 (去殼去尾)	60g
鹽	少許
蘑菇	30g (3朵)
杏鮑菇	30g (中型1條)
橄欖油	10g (略少於1大匙)
大蒜 (切末)	2g (1/2小匙)
鯷魚抹醬	3g (3/5小匙)
番茄醬 (Ketchup)	10g (1又2/3小匙)

WOW!

在南義大利的普利亞地區，盛產著豐富的食材，結合了山產與海鮮的料理特別多。從日式中華料理的「乾燒明蝦」得到靈感，發想出的一道料理。此外，這道菜還加入了與蝦仁一樣帶有彈力口感的菇類，讓整個料理吃起來更有份量。番茄醬在大火炒過後的焦香，釋放出來的鮮甜，讓義式風味更加凸顯。

作法

1 在蝦仁上撒鹽。切除掉蘑菇根部後對半切。杏鮑菇切成與蘑菇差不多的大小。

2 開中火加熱平底鍋，將步驟 1 的菇類放入乾炒，當菇類開始逼出水分並變色時，先取出備用。

3 在同一個平底鍋內倒入橄欖油，放入大蒜，轉小火加熱。爆香後加入鯷魚抹醬，仔細拌炒直至鯷魚抹醬的生腥味散去。

4 最後加入蝦仁以大火炒過，當蝦仁外觀開始變色時，放入步驟 2、蕃茄醬翻炒均勻。

GAMBERRI E FUNGHI SALTANI

義式水煮魚

材料（2 人份）

鯛魚切片（建議帶骨）	2片
鹽	魚重量的1%（參照P.7）
海瓜子（吐砂過）	100g
乾燥蕃茄	2顆
橄欖油	適量
義大利香芹（葉片）	2～3根

作法

1 在魚片上撒鹽，靜置 30 分鐘。以紙巾包覆魚片輕壓，將滲出的水分拭去。義大利香芹則切成細碎狀。

2 在平底鍋內倒入 1 大匙的橄欖油，開大火將魚連皮放入鍋內煎，當魚皮煎至上色後，以紙巾抹去鍋內油份。

3 放入海瓜子受熱後開口即可取出備用。

4 倒入 200ml 的水開大火熬煮至沸騰，讓魚煮熟，再加入 3 大匙橄欖油、乾燥蕃茄，煮到湯汁稍微呈現濃稠的狀態。

5 將海瓜子放回鍋內覆熱，撒上義大利香芹葉。

WOW!

因爲煮魚時鍋中必須是沸騰的狀態，這道菜的義大利文名稱爲「將水煮到近乎瘋狂般」而得名。烹煮的過程，魚中的蛋白質與油脂發揮乳化作用，湯汁變得濃稠又美味。由於通常是以一整隻魚來烹調，以魚片來料理時建議選用帶骨的爲佳。

Point!

以鍋鏟壓著魚肉煎

將魚皮朝下放入平底鍋內，用鍋鏟輕壓煎，魚皮煎至上色時再翻面。

擦拭鍋中油份

煎魚過後的油份，內含了魚腥味，一定要用紙巾抹去鍋中油份。

海瓜子開口後先取出備用

海瓜子加熱過度的話會變硬，受熱後開口時盡快取出。

沸騰烹煮

加水之後，煮至沸騰冒泡，就是這道料理的菜名由來。

POLLO PICCANTE ALLA CACCIATORA
義式獵人風味辣雞

WOW!

義大利菜名Cacciatora 意為「獵人風格」的意思，燉煮的雞肉料理是
較為常見的烹煮方式。在義大利各地都有充滿著當地特色的獵人
燉雞料理，這裡介紹的是南義的卡拉布里亞特流傳的烹煮方式，
將雞肉煎到金黃酥脆，由於我偏愛嗜辣，特別多加了辣椒粉塗抹
在雞肉上煎過，辣度可以依照個人喜好調整。當雞皮煎到酥脆變
成金褐色時，辣味的酥皮最好吃。

材料 (2 人份)

雞腿肉	1片 (300g)
鹽	3g (3/5小匙)
一味辣椒粉	2～3g (1～1又1/2小匙)
大蒜 (拍扁)	1瓣
橄欖油	20g (1又2/3大匙)
米醋 (或是白酒醋)	50g (3又 1/3大匙)

作法

1 雞肉兩面抹上鹽、一味辣椒粉,用手抓揉雞肉入味,靜置 30 分鐘。

2 平底鍋內倒入橄欖油,放入大蒜以小火爆香。炒香時,將雞皮朝下放入鍋中,以中火煎。

3 不要移動雞肉持續煎燒約7～8分鐘,雞皮煎至呈現金黃色澤時翻面,持續煎約4～5分鐘。

4 倒入醋,以大火煮到沸騰即可熄火。

5 盛盤並依照個人喜好添加配菜。

配菜材料

馬鈴薯、洋蔥	各適量
鹽	蔬菜重量的1% (參照P.7)
橄欖油	24g (2大匙)

配菜作法

1 馬鈴薯削皮, 切成7～8mm的圓片狀, 放入耐熱容器內, 撒上鹽, 以保鮮膜密封後放入微波爐以600W加熱 (馬鈴薯加熱一顆約需4～5分鐘)。

2 將洋蔥切成7～8mm寬度的半月形。

3 平底鍋內倒入橄欖油以中火加熱,放入洋蔥拌炒。洋蔥炒軟後再放入馬鈴薯,將洋蔥炒至焦糖色澤、馬鈴薯則炒至金黃色澤即可。

Point!

塗抹上一味辣椒粉

將雞肉兩面塗抹均勻一味辣椒粉。

雞皮煎至酥脆

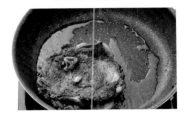

橄欖油吸收了大蒜香氣,以小火慢煎雞肉。當雞皮呈現酥脆的口感時,也能減去雞肉的腥味。

POLLO FRITTO ALL'ITALIANA

義式風味炸雞

🍥 **材料**（4 人份）

雞腿肉	400g
鹽麴	40g（滿滿的2大匙）
泰式魚露	4g（4/5小匙）
蒜泥	2g（1/2小匙）

🍥 **麵衣材料**

太白粉	60g（略少於 1/2杯）
起司粉	20g（3又1/3大匙）
炸油	適量

🍥 **作法**

1 將雞肉切成一口大小，加入鹽麴、泰式魚露、大蒜充分揉捏入味。以保鮮膜密封靜置於冰箱至少 2 個小時以上（可以的話一個晚上）。

2 將太白粉、起司粉混合均勻。

3 將步驟2加入步驟1內，使雞肉整體都均勻裹上麵衣。

4 在鍋中倒入炸油，油溫加熱至 160℃後，再放入步驟 3 油炸。

5 炸至表面呈現褐色時取出，放置約 5 分鐘以餘溫持續加熱雞肉。

WOW!

比起一般的炸雞，光是在麵衣內加入起司就吃得到濃濃的義式風味。酥脆的雞皮不僅好吃，即使冷掉了也好吃的一道料理。在歐洲，通常雞肉料理都是使用雞胸肉，加熱後往往容易變得乾柴，因此這邊以鹽麴醃漬，用酵素的作用讓雞肉更軟嫩，再用泰式魚露增添鮮味。由於沒有加入醬油，外觀不會變黑也是使用魚露的好處之一。

point!

用鹽麴調味雞肉

鹽麴的酵素可以分解雞肉的蛋白質，讓雞肉呈現出乎意外的軟嫩口感。為了讓酵素徹底發揮作用，至少要放置2個小時以上。

麵衣加入太白粉與起司

麵衣以太白粉與起司粉3：1的比例混合，再放入調味過的雞肉。光是起司這一味就可以感受到濃厚的義式風味。

揉捏雞肉與粉類拌勻

放入太白粉與起司粉後，用揉捏的方式讓雞肉與粉類混合均勻。由於起司粉容易焦掉，注意炸油的溫度不宜過高。

MAIALE IN AGRODOLCE ITALIANO
義式糖醋豬肉

🌱 材料（2 人份）

調味內臟類食材	
（市售品．味噌口味）	140g（1盒）
豬肉片	100g
洋蔥	50g（1/3顆）
彩椒	50g（約1/2顆）
大蒜（拍扁）	1/2瓣
整顆蕃茄（罐裝）	100g（1/4罐）
迷迭香	1根
橄欖油	15g（1又1/4大匙）
鹽、一味辣椒粉	各適量
萊姆	依個人喜好添加

🌱 作法

1　取少許鹽與一味辣椒粉撒在豬肉上醃漬。洋蔥、彩椒則各切成一口大小。

2　在平底鍋加入調味過的內臟，以中火拌炒。將醬汁炒到焦香，熄火，並稍微靜置。

3　取另一平底鍋倒入橄欖油，放入大蒜以小火加熱。爆香後放入步驟 1 的豬肉，以中火拌炒。肉炒熟時，再加入洋蔥、彩椒翻炒，炒到食材都油亮的狀態。

4　再放入步驟 2、罐裝蕃茄、迷迭香，用鍋鏟擠壓蕃茄，熬煮 3～4 分鐘。盛盤後可以再搭配萊姆切片。

WOW!

這道菜使用我從小就愛吃的「Kotecchan*」，重現義大利市場或攤販常見的味道。市售的調味內臟類食材，通常以味噌或韓式辣醬爲主流，另外再加上蕃茄與彩椒，以香草的香氣點綴，變身爲一道充滿義大利風格的料理。

* こてっちゃん 日本市售的調味牛小腸。

SHABU-SHABU DI MAIALE ITALIANO
義大利風涮豬肉片沙拉

🍝 **材料**（2 人份）

火鍋豬肉片	200g
鹽	適量
西西里香草油醋醬（P.62）	適量
水菜	適量

🍝 **作法**

1 在鍋內注入 1 公升的水，並加入 1% 的鹽分（10g），當開水開始冒泡時（80 ~ 85°C），放入豬肉片涮，變色後立即取出。

2 涮好的肉片放在調理盤內冷卻。覆蓋上保鮮膜，讓食材散熱。

3 盛盤後淋上西西里香草油醋醬，再附上切成一口大小的水菜。

WOW!

經典的 shabu shabu 豬肉片料理，偶爾換個味道做成義式風格調味如何？要讓涮豬肉片更好吃的訣竅在於鹽分，與煮義大利麵的原理相同，以「1% 鹽分」的鹽水來烹煮。涮好的肉片，需要先放置冷卻，記得不要將肉片浸在冰水內冷卻，會導致肉汁容易流失。

MAIALE ALLA GRIGLIA CON NAMPLA
古羅馬式魚露烤豬肉

🍝 材料（2 人份）

豬肉片	200g
泰式魚露	20g（1又 1/3大匙）
洋蔥	1/4顆
橄欖油	24g（2大匙）
大蒜（拍扁）	1瓣
如果有乾燥奧勒岡葉的話	依個人喜好添加
橄欖檸檬醬（P.64）	適量

🍝 作法

1 淋上魚露在肉片上，用手抓揉使其入味，再以保鮮膜密封住，放入冰箱冷藏約 30 分鐘。

2 洋蔥沿著對角線切成一口大小的半月形。

3 在平底鍋內倒入橄欖油，放入大蒜以小火加熱。爆香後再將步驟 1 放入鍋內，可以的話盡量以不堆疊的方式排列於鍋中。

4 轉爲中火加熱，待煎至上色後翻面，加入洋蔥，適時地一邊拌炒，炒至豬肉與洋蔥上色。

5 盛盤後撒上奧勒岡葉，並依照個人喜好淋上橄欖檸檬醬。

WOW!

雖說是古羅馬的料理，但是不是與日本料理的「薑燒豬肉」十分類似呢？原本是使用鯷魚露，這裡則改以泰式魚露替代。魚露的鮮味與鹹味和洋蔥的甘甜像是絕配般的美味，卽使說是一道日本料理也完全合理。很下飯，忍不住一口接著一口的義式料理。

將魚露混合揉捏入豬肉，可以讓肉類入味、鮮味提升。

MANZO BOLLITO NELLATTE
牛奶燉牛肉

☙ 材料（2 人份）

薄切牛肉片	200g
Krazy Salt	3g（1/2小匙）
麵粉	2又1/2大匙
萵苣	100g
牛奶	400ml
橄欖油	20g（1又2/3大匙）

☙ 作法

1 將 Krazy Salt 撒在牛肉上揉捏均勻，再塗抹上麵粉。

2 將萵苣切成細絲。

3 在平底鍋倒入橄欖油，放入步驟 1 開中火加熱，牛肉煎至上色後，再加入萵苣炒軟。

4 倒入牛奶，適時地攪拌並以中火熬煮，煮到呈現黏稠的狀態。

5 盛盤並依照個人喜好淋上橄欖油。

WOW!

Krazy Salt（P.7）是我在家料理時愛用的一款調味料，這款調味料因為有加入芹菜，增添了獨特的風韻，特別是芹菜的香氣與牛肉可說是最佳組合。在義大利中部的艾米利亞- 羅馬涅地區，同樣盛行著以芹菜搭配牛肉的經典組合。如果有多餘的芹菜葉片，連同萵苣一起入菜也很適合。

PEPERONI RIPIENI

青椒鑲肉

材料（4 人份）

青椒	10顆
豬絞肉	300g
蒜泥	0.8g（少許）
小茴香籽	3.6g（1又4/5小匙）
紅酒	6g（滿滿1小匙）
鹽	3.6g（3/4小匙）
胡椒	少許
麵粉	適量
橄欖油	適量
粗鹽、起司粉	各少許

作法

1 將青椒縱向切成兩半，去掉裡面的籽和蒂頭。

2 在調理碗內放入絞肉、大蒜、小茴香籽、紅酒、鹽與胡椒，攪拌至產生黏性。

3 在青椒的內側上撒麵粉後，輕敲讓多餘的粉末脫落，再將步驟 2 塞入青椒內薄薄一層。

4 平底鍋內倒入 1～2 大匙的橄欖油，以大火加熱，再將步驟 3 的青椒側朝下放入，煎約 4～5 分鐘後，當青椒側煎至上色後，再翻面讓肉側煎至上色。

5 盛盤，撒上粗鹽，淋上少許的橄欖油，撒上起司粉。

Point !

將鑲肉輕輕推開

像是將鑲肉貼黏在青椒內側般輕輕地推開。事先在內側塗抹的麵粉會成為鑲肉與青椒之間的「黏著劑」。

以青椒的厚度來衡量鑲肉的份量

由於這道菜的主角是青椒，注意不要將鑲肉填入過多，可以以青椒厚度一倍為標準來衡量鑲肉的比例。

煎到焦黑的狀態

將青椒側以大火煎，煎到焦焦黑黑的樣子才是美味的關鍵。

WOW!

小時候其實不太喜歡青椒鑲肉，並非特別討厭青椒，而是不太理解為何要特地將絞肉塞到青椒內呢？因此，我做的版本中青椒是主角，肉則是配角。將青椒煎到焦焦的狀態，享受青椒微微苦味中交織出的鮮美滋味。

BISTECCA SQUISITA

便宜的肉也能是
極品牛排

材料（2 人份）

牛排用肉（厚度1.5cm）	2片
紅酒	2小匙
粗粒黑胡椒	少許
橄欖油	適量
鹽	肉重量約1%（參照P.7）
起司粉、芝麻葉	各適量
如果有橄欖檸檬醬的話（P.64）	依照個人喜好添加

作法

1 在牛肉表面塗抹上薄薄一層的紅酒，不需封上保鮮膜，放入冰箱冷藏至少 60 分鐘。

2 撒胡椒、塗抹橄欖油（每一片約是 1 ～ 2 小匙）於肉上。

3 開大火加熱平底鍋，將步驟 2 放入鍋內熱煎，煎至上色時，翻面繼續煎並撒鹽於肉上。

4 另一面同樣以大火煎，煎至上色時，翻面取出先放入調理盤內，再次撒鹽於肉上。

5 以鋁箔紙覆蓋其上約 3 ～ 4 分鐘，藉此讓餘熱持續加熱牛排。

6 再次開大火加熱步驟 4 的平底鍋，將步驟 5 的牛排放回鍋內，兩面稍微煎過，讓外層維持熱度。

7 切肉盛盤，撒上起司粉並放上芝麻葉擺盤，可以再淋上橄欖檸檬醬或橄欖油。

WOW!

烹調牛排時，與其留意牛排要煎到怎樣的熟度，我反而最注重是否能夠煎出漂亮的色澤。非日本產的牛肉比起日本產的牛肉水分較多，不容易煎至上色，因此我會在牛肉表面塗抹上紅酒，先放在冰箱冷藏使其乾燥熟成。至於撒鹽的時機點，秘訣在於煎過再撒，而不要在入鍋前就撒喔！

point!

抹上紅酒

紅酒可以減少牛肉的腥味，酒精揮發的同時，牛肉外層因水分蒸發風乾，可以吃出熟成肉的風味。

入鍋前僅先撒胡椒

太早撒鹽的話，會讓肉類出水，肉汁流失且難以煎至上色，因此一開始請先撒胡椒即可。

肉的外層抹油

比起在平底鍋上抹油，訣竅在於在肉上抹油。讓肉緊貼鍋底，可以煎出漂亮的褐色。

在煎出漂亮的色澤前先不要移動

在高溫的平底鍋內放入牛排，靜置至少30秒。為了烹調出美麗的色澤，不要過度移動肉塊是重點。

在家重現「世界冠軍」的義大利麵料理！

你家也可以是
一間義大利餐廳

我在來自義大利的義大利麵條製造商-百味來（Barilla）主辦的世界大賽中獲得優勝的兩道料理，經過些微調整後也能輕鬆在家重現。在巴黎修業的時期，因為沒錢經常只能自己煮義大利麵來填飽肚子，回到日本開始走向義大利料理的道路，才回想起在巴黎常吃的就是百味來的麵條，現在回想起來真是不可思議的緣分。

2019年10月在巴黎舉辦的義大利麵業界中的世界盃「義大利麵世界冠軍賽2019」（Pasta World Championship 2019），我代表日本參賽，獲得世界冠軍的寶座。

WOW!

在第一次回合與決勝賽，我端出的是分別以代表巴黎秋天味道的牡蠣，以及代表日本的海苔、山椒、日本酒、味醂等食材，搭配義大利的戈貢佐拉起司（Gorgonzola）的「Penne Gorgonzola Profumo Giapponese（戈貢佐拉起司佐日本香氣筆管麵）」來一決勝負。聞起來是日本的香氣，吃進口中卻是義大利麵的口感。首先撲鼻而來的是山椒的清涼感，一入口則是濃厚的戈貢佐拉起司，醬料因為混入了日本酒，起司的鹹味讓日本酒的甜味更顯溫醇。這裡將會介紹筆管麵這道料理的食譜。

世界大賽的食譜
比賽的時候，用烤箱將牡蠣烤過，再將牡蠣用日本酒蒸、打成泥狀，點綴上炸過的羅勒葉。由於戈貢佐拉起司與蜂蜜的味道很搭，我將溫熱過的味醂代替蜂蜜，並以柚子皮點綴。器皿則選自故鄉佐賀縣的有田燒，為了這場比賽特地燒製的器皿，整道料理的擺盤呈現出藍色地球般的視覺饗宴。

一回戰

PENNE AL GORGONZOLA
戈貢佐拉起司筆管麵

材料（1 人份）

筆管麵	80g
日本酒	150g
牛奶	40g
鮮奶油（脂肪成分35%）	40g
戈貢佐拉起司（Dolce款）	80g
山椒粉	少許
核桃	適量

> 戈貢佐拉起司分成 Dolce（溫和）與 Piccante（濃烈）兩種。這裡使用的是吃起來綿密且較爲溫和的 Dolce 款。

作法

1 鍋內倒入日本酒，以大火加熱使酒精揮發。

2 加入牛奶、鮮奶油攪拌，煮滾後持續以大火加熱，熬煮到呈現濃稠的狀態。

3 加入戈貢佐拉起司，一邊攪拌一邊使其溶解。

> 煮麵時間請按照包裝上所標示時間（煮法請參照 P.12）

4 撈起麵條，確實瀝乾煮麵水，放入步驟 3 攪拌。讓麵條充分吸附醬汁。

5 將步驟 4 盛盤，撒上山椒、切碎的核桃。

世界大會所使用的食材

佐賀 基山商店的基峰鶴velvet
來自家鄉佐賀的日本酒。飽滿的甘甜，喝起來不會有紅酒般的酸感。

「Yamatsu 辻田」的山椒粉
不輸給戈貢佐拉起司的獨特味道，爽口不膩的鮮明香氣。光撒在食材上就能明顯感受到料理層次的變化，提升整體的滋味。

將日本酒煮沸

日本酒煮到白色冒泡的狀態，以大火維持此狀態約30 秒～1 分鐘，讓酒精成分揮發，美味的成分更能凝聚其中。

煨煮牛奶與鮮奶油

倒入牛奶與鮮奶油熬煮至滾，煮至濃稠質感的狀態。

讓起司融化

加入戈貢佐拉起司，以鍋鏟攪拌使其溶解均勻。

讓麵條充分吸附醬汁

將煮好的麵條放入醬料中，彷彿煮麵般讓麵條充分沾裹上醬料。

在家重現「世界冠軍」的義大利麵料理！

你家也可以是
一間義大利餐廳

WOW!

第二回合是以「健康飲食」為比賽主題，我挑選了全麥麵粉製作的義大利麵條，從威尼斯的傳統料理找到靈感，僅以洋蔥和鯷魚簡單的食材就完成了這道料理。在這道料理中，健康當然是不可或缺的元素，少許的食材就可以充分展現義大利麵的美味，同時還能兼顧到環境友善的層面，獲得相當高的評價。為了讓洋蔥的滋味完全釋放，本來需花費約1小時炒過的洋蔥，這裡將會介紹善用微波爐來減省時間的版本。

SPAGHETTI INTEGRALE INSALSA

全麥版本的
洋蔥鯷魚醬義大利麵

材料（1 人份）

義式直麵（1.8mm，如果有的話請用全麥麵粉的麵條）	100g
洋蔥	1顆
大蒜（切末）	1/3瓣
橄欖油	30g（2又1/2大匙）
鹽	適量
鯷魚抹醬	10g（2小匙）

作法

1 將洋蔥帶皮以保鮮膜包覆，放入微波爐加熱（600w）10 分鐘。

2 取出稍微靜置降溫，再以食材碎末處理器或食物調理機絞碎。

3 在平底鍋內倒入橄欖油，放入大蒜、步驟 2 的洋蔥、1 小撮鹽，以小火加熱。待洋蔥加熱至焦糖色時，再調整為中火拌炒。

4 加入鯷魚抹醬，仔細拌炒直至鯷魚抹醬的生腥味散去。

5 整體呈現褐色的狀態後，舀約1 湯勺的開水倒入鍋內，宛如像是以鍋鏟不斷地在搓鍋底被食材沾黏的焦處，把鍋底沾黏的食物殘渣帶起來煮成醬汁。

煮麵時間請按照包裝上所標示時間（煮法請參照 P.12）

6 撈起麵條，確實瀝乾煮麵水，放入步驟 5 並以中火加熱，一邊攪拌一邊使麵條吸附醬汁。如果麵條吸附醬汁狀況不佳的話，可以再加入 1 大匙的煮麵水拌勻。

7 淋上 1 大匙（份量外）橄欖油，充分拌勻再盛盤，依照個人喜好撒上黑胡椒、義大利香芹。

洋蔥放入微波爐加熱

洋蔥帶皮以保鮮膜包覆放入微波爐加熱，洋蔥內含的水分會產生像是蒸煮的作用，讓鮮美的成分不會隨之蒸發。加熱後暫時不要取下保鮮膜，直接放著降溫。

切洋蔥、炒洋蔥

將洋蔥用食材碎末處理器或食物調理機切成細碎狀，再連同大蒜、橄欖油放入平底鍋內炒。

炒至焦糖色的狀態

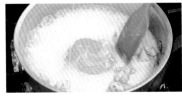

焦掉也沒有關係，確實地炒洋蔥。

倒入熱開水將鍋底的焦處帶起

加入鯷魚抹醬炒到褐色狀，倒入熱開水洗鍋收汁，像是以鍋鏟不斷地在搓鍋底被食材沾黏的焦處，使其化開一起熬煮。

特別附贈

世界一流的甜點 Dolce

想要在家製作出正宗口味義式甜點的話，我推薦使用「Amaretti」這款義式風格獨特的餅乾。只要活用市面上販售的現成品，就能簡單的在家品嚐到正宗的義大利風味。

WOW!

第一次吃到這道甜點時，帶著些許苦味與甜味的獨特香氣，讓我的味蕾產生不小的衝擊。來自北義大利的地域性甜點，原本厚實的簡樸口味，在這裡依照我的喜好重新調配。原本是以全蛋製作，改爲一半採用蛋黃，另一部分則改用鮮奶油，讓口感從「厚實」變成「彈Q」。請盡情享受這款滑順口感、成熟風味的布丁。

關於「Amaretti」
義大利文名爲「Amaretti」的一款蛋白霜甜點。易碎的質感，一放入口中像是要崩碎般飄散著杏仁酒的香氣是最大特徵。通常在進口食材行或網路商店上都買得到。

BONET

義大利風巧克力布丁

加入Amaretti 義大利杏仁餅

材料（直徑7cm 的布丁杯6 個份）

雞蛋	2顆
蛋黃	2顆份
細砂糖	260g
可可粉	15g
Amaretti義大利杏仁餅（市售品）	30g（約6個）
牛奶	200ml
鮮奶油	50g

將市售的杏仁餅用手撥碎加入蛋液中。如此簡單的作法，就能讓布丁充滿獨特香氣。

攪拌過後更滑順

作法

1 在調理盆內放入雞蛋、蛋黃、60g 的細砂糖，以打蛋器充分攪拌，攪拌至砂糖溶解後，倒入可可粉攪拌均勻。

2 將義大利杏仁餅以手大致捏碎即可，加入步驟 1 內拌勻。再倒入牛奶、鮮奶油攪拌均勻。

雖然不攪拌也可以，攪拌過後吃起來會更像是布丁般的滑順口感。

待焦糖醬凝固後再倒入布丁液

3 以手持式攪拌機或攪拌器，將食材打成滑順的狀態。覆蓋上保鮮膜放入冰箱冷藏 1～2 小時。

4 製作焦糖醬。在小鍋內放入 200g 的細砂糖、1 大匙的水，開中火加熱。砂糖溶解後轉為小火，外觀的顏色從淡褐色轉變成深褐色之後，將其移開瓦斯爐，將鍋底放置於冷水內冷卻。

5 將步驟 4 分別倒入布丁杯內，放入冰箱冷藏 30 分鐘以上冷卻。

首先在布丁杯內倒入少量的焦糖醬，放入冰箱冷卻凝固。接著再將同樣冷藏過的布丁液倒入杯中。

6 將步驟 3 分別倒入步驟 5 內。

蒸烤

7 把步驟 6 排列於調理盤內，倒入約布丁杯高度一半的熱水。將調理盤直接放在烤盤上，以 150℃預熱，放入烤箱加熱約 30 分鐘。

8 取出散熱後，放入冰箱冷藏 2 小時以上冷卻。要吃的時候，可以將布丁杯溫熱過，再倒扣取出食用。

將布丁杯放入調理盤內，注入熱水，少量的熱水就可以，這樣的作法會比起直接放在烤盤上更為簡單。

TIRAMISU
提拉米蘇

材料（底邊12x12cm, 高度5cm 的容器1 個份）

馬斯卡彭起司	200g
蛋黃	40g
細砂糖	60g
鮮奶油	100g
即溶咖啡（顆粒·無糖）	3～4g
Amaretti義大利杏仁餅 （手指餅乾亦可）	1包（約20個）
可可粉	適量

作法

1 在調理碗裡放入蛋黃、40g 的細砂糖，以打蛋器攪拌。

2 放入馬斯卡彭起司於蛋液中，攪拌至整體呈現均勻的狀態。

3 在另一個調理碗內倒入鮮奶油、20g 的細砂糖，隔著冰水冷卻的同時，以手持攪拌器或打蛋器打發（尖端直立不下垂的狀態）。

4 將步驟 3 加入步驟 2 內，確實攪拌均勻。

5 將即溶咖啡內以熱水泡開（約是包裝標示份量的一半即可），泡出偏濃厚口味的咖啡。

6 容器底部鋪上一半份量的杏仁餅，淋上一半份量步驟 5 的咖啡，再加入一半份量的步驟 4。接下來按照順序，鋪上剩下的杏仁餅、淋上剩餘的咖啡及鮮奶油，將表面抹平整。

7 最後以濾網將可可粉撒在提拉米蘇上。

剩下的蛋白可用來製作蛋花湯（請參照 P.75）

WOW!

在溫哥華留學時打工時的餐廳，吃到主廚給我的提拉米蘇時，那股近乎要流淚般的美味，「沒想到世界上居然有這麼好吃的東西！」，至今還是記得那份感動。我的食譜將重現當時吃到的濃厚、紮實、充滿回憶與感動的提拉米蘇。是一款搭配咖啡相當合適的甜點。

SALAME DI CIOCCOLATO
巧克力
莎樂美腸

材料（12～14 片・直徑3cm 長度30cm 的 1 條份）

蛋黃	2顆
細砂糖	65g
可可粉	32g
無鹽奶油	32g
Amaretti義大利杏仁餅	80g
蘭姆酒	12g

作法

1 將杏仁餅適當地撥碎，最好能撥出不同大小的碎片為佳。

2 在調理碗內放入步驟 1 以及所有食材仔細攪拌均勻。

3 將鋁箔紙攤開，再將步驟 2 從靠近自己這一側擺放橫長約 30 公分的長度。從靠近自己這一側開始一邊包一邊捲成直徑 3cm、長度 30cm 的棒狀。兩端則像是包糖果般扭捲固定。

4 放入冰箱冷藏 1 小時以上冷卻。

5 撕掉鋁箔紙，在整體撒上細砂糖（份量外），再分切即可食用。

WOW!

外表看起來像是莎樂美腸般，實際上是與店內用餐最後端出的茶點完全一樣的食譜。製作這道甜點的重點在於，將杏仁餅適當地撥碎，每一個碎片的大小會產生不同的口感變化。還沒有切分的狀態，可以冷凍保存。

世界冠軍主廚的宇宙級美味義大利麵

獨家秘技不失手！義式經典麵食╳下酒小菜╳百搭醬料╳
佐餐甜點

作者	弓削啓太
譯者	Allen Hsu
裝幀設計	Rika Su
責任編輯	黃文慧
特約編輯	J.J.CHIEN

出版	晴好出版事業有限公司
總編輯	黃文慧
副總編輯	鍾宜君
行銷企畫	吳孟蓉、胡雯琳
地址	10488 台北市中山區中山北路 36 巷 10 號 4F
網址	https://www.facebook.com/QinghaoBook
電子信箱	Qinghaobook@gmail.com
電話	(02)2516-6892
傳真	(02)2516-6891

發行	遠足文化事業股份有限公司(讀書共和國出版集團)
地址	231 新北市新店區民權路 108-2 號 9F
電話	(02)2218-1417
傳真	(02)2218-1142
電子信箱	service@bookrep.com.tw
郵政帳號	19504465 (戶名：遠足文化事業股份有限公司)
客服電話	0800-221-029
團體訂購	(02)22181717 分機 1124
網址	www.bookrep.com.tw
法律顧問	華洋法律事務所／蘇文生律師
印製	東豪印刷

初版一刷	2023 年 11 月
定價	380 元
ISBN	978-626-7396-07-0
EISBN（PDF）	9786267396056
EISBN（EPUB）	9786267396063

原文版製作團隊

裝幀設計	細山田光宣、奧山志乃（細山田設計事務所）
攝影	大井一範、松木 潤（主婦之友社）
食物造型	坂上嘉代
編輯	杉岾伸香
DTP 製作	鈴木庸子（主婦之友社）
照片協力	Barilla
料理助理	岩名謙太、栗山義臣、小林泰士、前原由斗、山本貴也
協力	Salone Group
責任編輯	志岐麻子（主婦之友社）

「パスタ世界一」がかなえる至福の家イタリアン
© Keita Yuge 2022 Originally published in Japan by Shufunotomo Co., Ltd
Translation rights arranged with Shufunotomo Co., Ltd.
Through Keio Cultural Enterprise Co., Ltd.

國家圖書館出版品預行編目（CIP）資料

世界冠軍主廚的宇宙級美味義大利麵：獨家秘技不失手！義式經典麵食 x 下酒小菜 x 百搭醬料 x 佐餐甜點 / 弓削啓太著；Allen Hsu 譯 . -- 初版 . -- 臺北市：晴好出版事業有限公司出版；新北市：遠足文化事業股份有限公司發行, 2023.11

面；　公分

譯自：「パスタ世界一」がかなえる至福の家イタリアン

ISBN 978-626-7396-07-0(平裝)

427.38　　　　　　　　112017840

1.CST: 麵食食譜 2.CST: 義大利